# リピート&チャージ物理基礎ドリル

## 運動と力

### 本書の特徴と使い方

本書は，物理基礎の基本となる内容をつまずくことなく学習できるようにまとめた書き込み式のドリル教材です。

▶1項目につき1見開きでまとまっており，計画的に学習を進めることができます。

▶『例題』→『穴埋め問題』→『類題』で構成しており，各項目について段階的にくり返し学習し，内容の定着をはかります。

▶すべてのページの下端には，学習内容の理解を助けるためのアドバイスをのせております。

☑ 物理量の文字式と単位の確認

考え方のポイント

計算や作図をする際の注意点



### 目次

# 1 指数の計算・運動の観測

## 例題 1 指数の計算

(　　)内に数値を入れよ。

(1) $1000=10^{(\quad)}$

(2) $0.1=10^{(\quad)}$

(3) $10^2\times10^3=10^{(\quad)}$

(4) $10^{10}\div10^4=10^{(\quad)}$

(5) $2300=2.3\times10^{(\quad)}$

(6) $0.047=4.7\times10^{(\quad)}$

(7) $2.0\times10^2\times3.0\times10^4=(\text{ア}\quad)\times10^{(\text{イ}\quad)}$

(8) $(3.6\times10^8)\div(1.2\times10^3)=(\text{ウ}\quad)\times10^{(\text{エ}\quad)}$

**解法**　10 を $n$ 回掛けたものを $10^n$，$\dfrac{1}{10^n}$ を $10^{-n}$ で表す。指数の計算は，次の公式を用いる。

$$10^a\times10^b=10^{a+b}$$
$$10^a\div10^b=10^{a-b}$$

(1) $1000=10\times10\times10=10^3$　　答 3

(2) $0.1=\dfrac{1}{10^1}=10^{-1}$　　答 −1

(3) $10^2\times10^3=10^{2+3}=10^5$　　答 5

(4) $10^{10}\div10^4=10^{10-4}=10^6$　　答 6

(5) けた数の大きい数字は，指数を用いる。
$2300=2.3\times1000=2.3\times10^3$　　答 3

(6) $0.047=4.7\times10^{-2}$　　答 −2

(7) $2.0\times10^2\times3.0\times10^4=(2.0\times3.0)\times10^{2+4}$
$=6.0\times10^6$　　答 ア 6.0　イ 6

(8) $(3.6\times10^8)\div(1.2\times10^3)=(3.6\div1.2)\times10^{8-3}$
$=3.0\times10^5$　　答 ウ 3.0　エ 5

**1** (　　)内に数値を入れよ。

(1) $100=10^{(\text{ア}\quad)}$

(2) $0.01=\dfrac{1}{10^{(\text{イ}\quad)}}=10^{(\text{ウ}\quad)}$

(3) $10^3\times10^6=10^{(\text{エ}\quad)+6}=10^{(\text{オ}\quad)}$

(4) $10^8\div10^2=10^{(\text{カ}\quad)-(\text{キ}\quad)}=10^{(\text{ク}\quad)}$

(5) $37000=3.7\times10^{(\text{ケ}\quad)}$

(6) $0.0024=2.4\times10^{(\text{コ}\quad)}$

(7) $1.2\times10^3\times5.0\times10^6$
$=(\text{サ}\quad)\times5.0\times10^{3+(\text{シ}\quad)}$
$=(\text{ス}\quad)\times10^{(\text{セ}\quad)}$

(8) $(5.0\times10^{-4})\div(2.5\times10^3)$
$=(\text{ソ}\quad)\div(\text{タ}\quad)\times10^{(\text{チ}\quad)-(\text{ツ}\quad)}$
$=(\text{テ}\quad)\times10^{(\text{ト}\quad)}$

## 例題 2 速さの単位換算

次の問いに答えよ。

(1) 1 m/s は何 km/h か。

(2) 20 m/s は何 km/h か。

(3) 36 km/h は何 m/s か。

**解法**　(1) 1 m/s は 1 秒間に 1 m 進む速さなので
1 分間(60 秒間)に 60 m
1 時間(60 分間)に 60 m×60＝3600 m
進む。3600 m＝3.6 km であることから
1 m/s＝3.6 km/h
となる。　　答 3.6 km/h

(2) 1 m/s＝3.6 km/h の関係より
20 m/s＝20×3.6 km/h＝72 km/h
答 72 km/h

(3) 1 m/s＝3.6 km/h の関係式を変形して
$\dfrac{1}{3.6}$ m/s＝1 km/h
となる。この関係を用いて
36 km/h＝36×$\dfrac{1}{3.6}$ m/s＝$\dfrac{36}{3.6}$ m/s＝10 m/s
答 10 m/s

**2** (　　)内には数値を，〔　　〕内には単位を入れ，単位を換算せよ。

(1) 10 m/s＝(ア　　)×(イ　　)〔ウ　　　〕
＝36 km/h

(2) 108 km/h＝$\dfrac{(\text{エ}\quad)}{(\text{オ}\quad)}$〔カ　　　〕＝30 m/s

**3** 次の問いに答えよ。

(1) 15 m/s は何 km/h か。

(2) 5.0 m/s は何 km/h か。

(3) 180 km/h は何 m/s か。

(4) 144 km/h は何 m/s か。


m/s ⇒ km/h … 3.6 を掛ける　　km/h ⇒ m/s … 3.6 で割る

## 例題 3 変位

物体が 12 m の位置から 30 m の位置に動いたとき，物体の変位は何 m か。

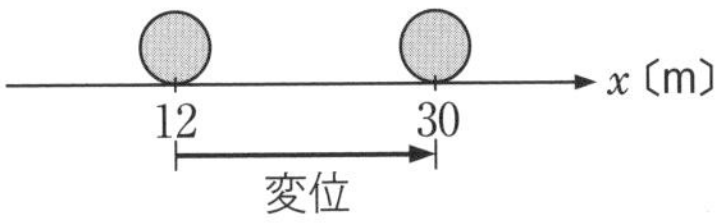


**解法** はじめの位置を $x_1$〔m〕，終わりの位置を $x_2$〔m〕とすると，変位 $\Delta x$〔m〕は位置の変化を表し，下の式のようになる。

$$\Delta x = x_2 - x_1$$

$x_1 = 12$ m，$x_2 = 30$ m より

$\Delta x = x_2 - x_1$

$= 30$ m $- 12$ m

$= 18$ m　　**答 18 m**

**4** 物体が図のように動いたとき，物体の変位は何 m か。(　　)内には数値を，〔　　〕内には単位を入れよ。

(1)

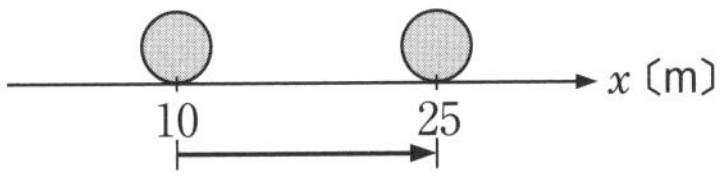


$x_1$＝(ア　　)〔イ　　〕

$x_2$＝(ウ　　)〔エ　　〕より

$\Delta x = x_2 - x_1$

＝(オ　　)m－(カ　　)m

＝15 m

(2)

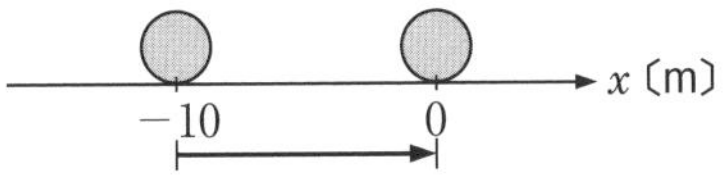


$x_1$＝(キ　　)〔ク　　〕

$x_2$＝(ケ　　)〔コ　　〕より

$\Delta x = x_2 - x_1$

＝(サ　　)m－(シ　　)m

＝10 m

(3)

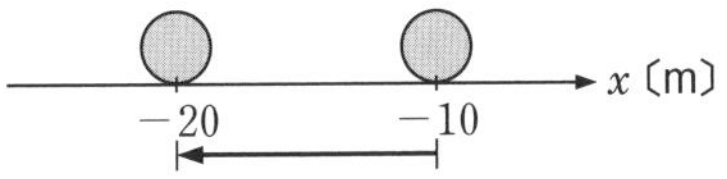


$x_1$＝(ス　　)〔セ　　〕

$x_2$＝(ソ　　)〔タ　　〕より

$\Delta x = x_2 - x_1$

＝(チ　　)m－(ツ　　)m

＝－10 m

**5** 物体が図のように動いたとき，物体の変位は何 m か。

(1)

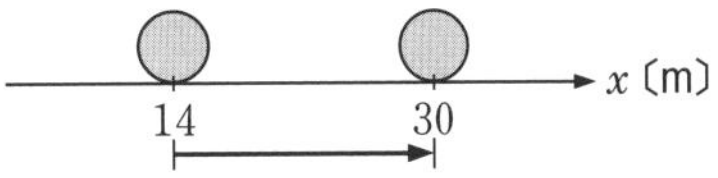


(2)

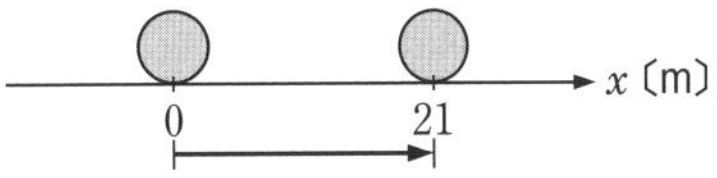


(3)

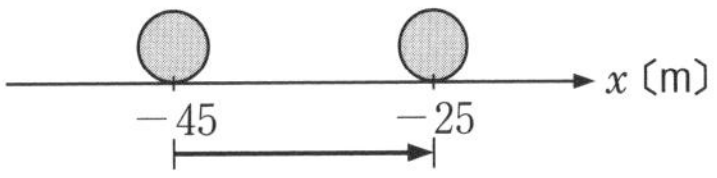


(4)

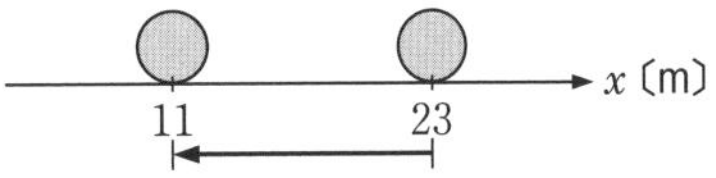


(5)

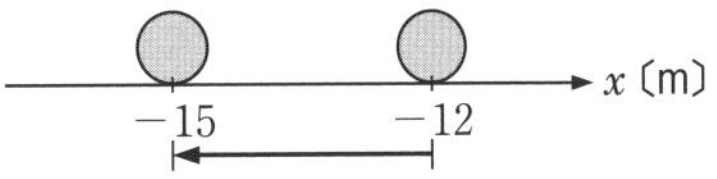


☑ $x_1$〔m〕：はじめの位置　$x_2$〔m〕：終わりの位置　$\Delta x$〔m〕：変位

# 2 運動の表し方

**例題 1 速さ**

50 m の距離を 10 秒間で走る子どもの速さは何 m/s か。

**解法** 速さ $v$〔m/s〕は単位時間(1 秒間)あたりに進む距離を表し，進んだ距離を $x$〔m〕，かかった時間を $t$〔s〕とすると

$$v=\frac{x}{t}$$

となる。$x=50$ m，$t=10$ s より

$v=\dfrac{50\ \mathrm{m}}{10\ \mathrm{s}}=5.0\ \mathrm{m/s}$　　**答 5.0 m/s**

**1** (　　)内には数値を，〔　　〕内には単位を入れよ。

(1) 80 m の距離を 20 秒間で進む自転車の速さは何 m/s か。

$x=$(ア　　)〔イ　　〕，$t=$(ウ　　)〔エ　　〕

より

$v=\dfrac{x}{t}=\dfrac{(オ\quad)\mathrm{m}}{(カ\quad)\mathrm{s}}=4.0\ \mathrm{m/s}$

(2) 速さ 6.0 m/s の自転車は，15 秒間で何 m 進むか。

$v=$(キ　　)〔ク　　〕，$t=$(ケ　　)〔コ　　〕

より

$v=\dfrac{x}{t}$ を変形して

$x=vt$

$=$(サ　　)m/s×(シ　　)s

$=90$ m

**2** 次の問いに答えよ。

(1) 75 m の距離を 25 秒間で進む自転車の速さは何 m/s か。

(2) 速さ 2.0 m/s で走っている人は，25 秒間で何 m 進むか。

**例題 2 速度**

物体 A は右向きに速さ 10 m/s，物体 B は左向きに速さ 12 m/s で運動している。右向きを正の向きとすると，物体 A，B の速度はそれぞれ何 m/s か。

**解法** 速さと運動の向きをあわせてもつ量を速度といい，向きを正負の符号で表す。運動の座標軸正の向きに運動する場合は正(+)，逆向きに運動する場合は負(−)とする。

A：右向きなので速度は正　　**答 +10 m/s**

B：左向きなので速度は負　　**答 −12 m/s**

**3** 図のように物体が運動しているとき，(　　)内に正負の符号を入れ，物体 A と物体 B の速度をそれぞれ表せ。

(1)

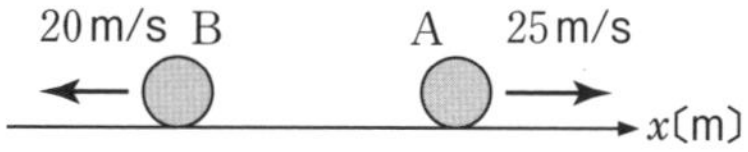


A の速度：(ア　　)25 m/s

B の速度：(イ　　)20 m/s

(2)

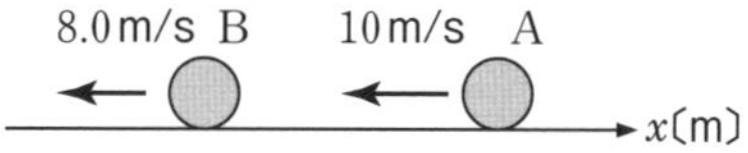


A の速度：(ウ　　)10 m/s

B の速度：(エ　　)8.0 m/s

**4** 図のように物体が運動しているとき，物体 A，B の速度はそれぞれ何 m/s か。

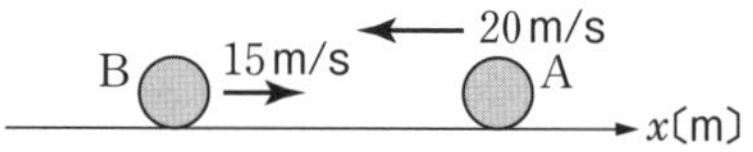


A の速度：

B の速度：



速さと運動の向きをあわせてもつ量を速度といい，向きを正負の符号で表す。

## 例題 3 平均の速度

直線上を運動する物体が，時刻 1.0 秒のとき 12 m，時刻 2.0 秒のとき 24 m の位置を通過した。物体の平均の速度は何 m/s か。

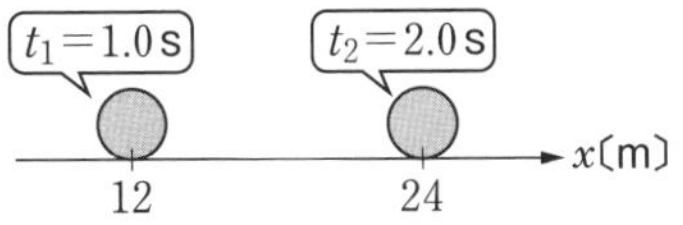


**解法** 時刻 $t_1$〔s〕のときの位置を $x_1$〔m〕，時刻 $t_2$〔s〕のときの位置を $x_2$〔m〕とすると，平均の速度 $v$〔m/s〕は

$$v=\frac{x_2-x_1}{t_2-t_1}$$

$t_1=1.0$ s，$x_1=12$ m，$t_2=2.0$ s，$x_2=24$ m より

$$v=\frac{24\ \text{m}-12\ \text{m}}{2.0\ \text{s}-1.0\ \text{s}}=\frac{12\ \text{m}}{1.0\ \text{s}}=12\ \text{m/s}$$

**答 12 m/s**

**5** （　　）内には数値を，〔　　〕内には単位を入れよ。

(1) 直線上を運動する物体が，時刻 2.0 秒のとき 10 m，時刻 4.0 秒のとき 30 m の位置を通過した。物体の平均の速度は何 m/s か。

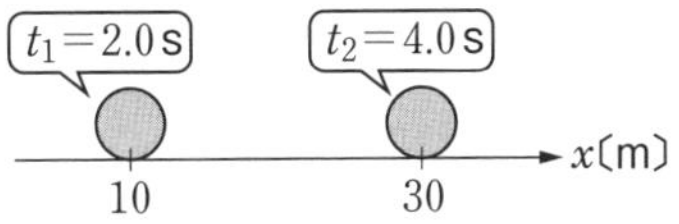


$t_1=$（ア　　）〔イ　　〕，$x_1=$（ウ　　）〔エ　　〕
$t_2=$（オ　　）〔カ　　〕，$x_2=$（キ　　）〔ク　　〕
より

$$v=\frac{(ケ\quad)\text{m}-(コ\quad)\text{m}}{(サ\quad)\text{s}-(シ\quad)\text{s}}$$

$$=\frac{20\ \text{m}}{2.0\ \text{s}}$$

$$=10\ \text{m/s}$$

(2) 直線上を運動する物体が，時刻 0 秒のとき 14 m，時刻 3.0 秒のとき 26 m の位置を通過した。物体の平均の速度は何 m/s か。

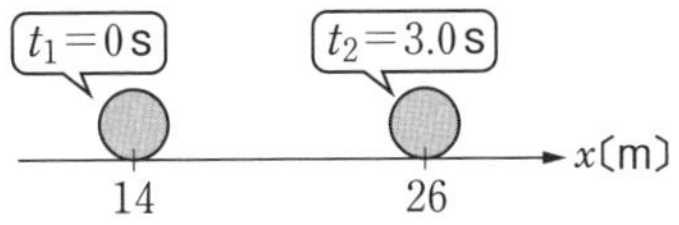


$t_1=$（ス　　）〔セ　　〕，$x_1=$（ソ　　）〔タ　　〕
$t_2=$（チ　　）〔ツ　　〕，$x_2=$（テ　　）〔ト　　〕
より

$$v=\frac{(ナ\quad)\text{m}-(ニ\quad)\text{m}}{(ヌ\quad)\text{s}-(ネ\quad)\text{s}}$$

$$=\frac{12\ \text{m}}{3.0\ \text{s}}$$

$$=4.0\ \text{m/s}$$

**6** 次の問いに答えよ。

(1) 直線上を運動する物体が，時刻 10 秒のとき 20 m，時刻 20 秒のとき 80 m の位置を通過した。物体の平均の速度は何 m/s か。

(2) 直線上を運動する物体が，時刻 0 秒のとき 16 m，時刻 3.0 秒のとき 40 m の位置を通過した。物体の平均の速度は何 m/s か。

(3) 直線上を運動する物体が，時刻 1.0 秒のとき 10 m，時刻 4.0 秒のとき 70 m の位置を通過した。物体の平均の速度は何 m/s か。

(4) 直線上を運動する物体が，時刻 0 秒のとき 0 m，時刻 2.5 秒のとき 5.0 m の位置を通過した。物体の平均の速度は何 m/s か。

(5) 直線上を運動する物体が，時刻 0 秒のとき 24 m，時刻 2.0 秒のとき 36 m の位置を通過した。物体の平均の速度は何 m/s か。

☑ $v$〔m/s〕：速度　$x$〔m〕：位置　$t$〔s〕：時刻

# 3 速度の合成と相対速度

## 例題 1　速度の合成①

静水上を 5.0 m/s の速さで進む船が川をくだるとき，岸に対する船の速度の大きさと向きを求めよ。川の流れの向きを正とする。

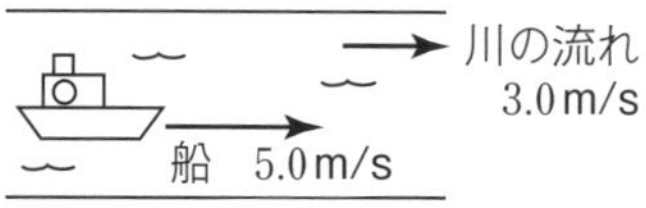


**解法**　2つの物体の速度をそれぞれ $v_1$〔m/s〕，$v_2$〔m/s〕とすると，合成速度 $v$〔m/s〕は

$$v=v_1+v_2$$

川の流れの向きを正とするので，川の流れの速度と船の速度はそれぞれ正となる。川の流れの速度 $v_1=+3.0$ m/s，船の速度 $v_2=+5.0$ m/s を式に代入して

$v=+3.0\ \text{m/s}+(+5.0\ \text{m/s})=+8.0\ \text{m/s}$

**答　大きさ：8.0 m/s　向き：川の流れの向き**

**1**　岸に対する船の速度の大きさと向きを求めよ。川の流れの向きを正，川の流れの速度を $v_1$〔m/s〕，船の速度を $v_2$〔m/s〕として，(　　) 内には数値を，〔　　〕内には単位を入れよ。

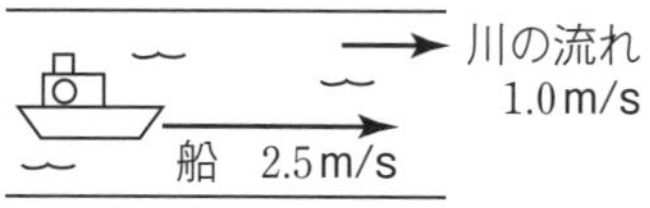


$v_1=$ (ア　　　　)〔イ　　　　〕

$v_2=$ (ウ　　　　)〔エ　　　　〕より

$v=v_1+v_2$

$=$ (オ　　　　) m/s $+$ (カ　　　　) m/s

$=+3.5$ m/s

大きさ：3.5 m/s　向き：川の流れの向き

**2**　岸に対する船の速度の大きさと向きを求めよ。川の流れの向きを正とする。

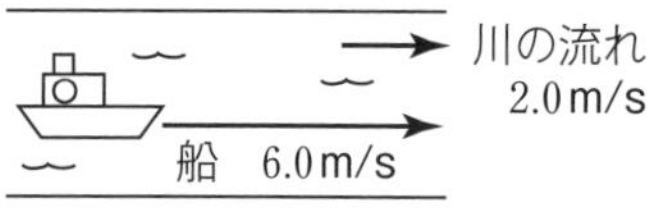


大きさ：　　　　　向き：

## 例題 2　速度の合成②

例題１で，船が川をのぼるとき，岸に対する船の速度の大きさと向きを求めよ。川の流れの向きを正とする。

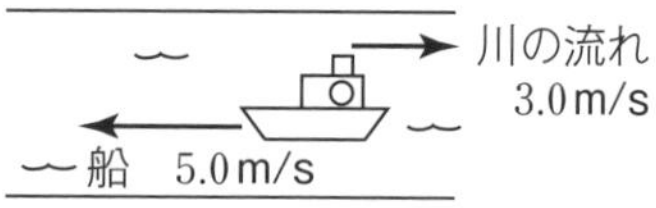


**解法**　川の流れの向きが正の向きなので，船の速度は負となる。

川の流れの速度 $v_1=+3.0$ m/s，船の速度 $v_2=-5.0$ m/s を合成速度の式に代入して

$v=v_1+v_2$

$=+3.0\ \text{m/s}+(-5.0\ \text{m/s})=-2.0\ \text{m/s}$

**答　大きさ：2.0 m/s　向き：川の流れと逆向き**

**3**　岸に対する船の速度の大きさと向きを求めよ。川の流れの向きを正，川の流れの速度を $v_1$〔m/s〕，船の速度を $v_2$〔m/s〕として，(　　) 内には数値を，〔　　〕内には単位を入れよ。

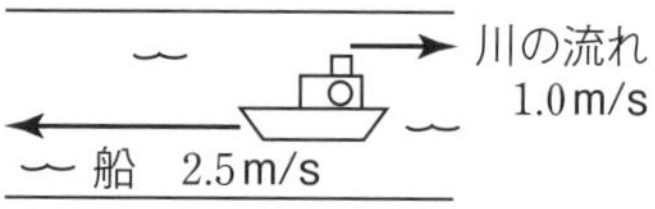


$v_1=$ (ア　　　　)〔イ　　　　〕

$v_2=$ (ウ　　　　)〔エ　　　　〕より

$v=v_1+v_2$

$=$ (オ　　　　) m/s $+$ (カ　　　　) m/s

$=-1.5$ m/s

大きさ：1.5 m/s　向き：川の流れと逆向き

**4**　岸に対する船の速度の大きさと向きを求めよ。川の流れの向きを正とする。

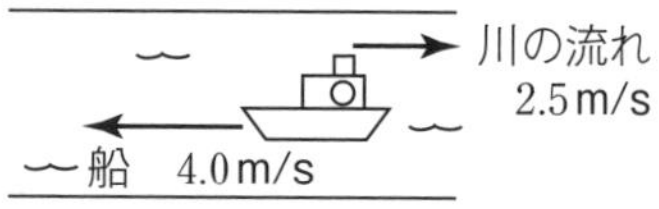


大きさ：　　　　　向き：



合成速度の式に代入するとき，速度 $v_1$，$v_2$ には正負の符号も入れる。

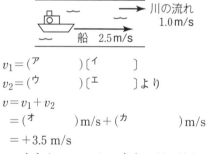

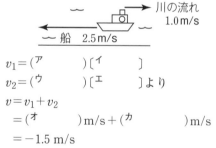

## 例題 3 相対速度

自動車 A, B が, それぞれ右向きに 25 m/s, 15 m/s の速度で走っている。右向きを正として, 次の問いに答えよ。

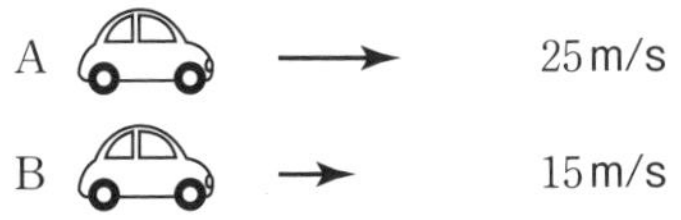


(1) A に対する B の相対速度の大きさと向きを求めよ。

(2) B に対する A の相対速度の大きさと向きを求めよ。

**解法** 一方の物体から見た他方の物体の速度を相対速度という。物体 A の速度を $v_A$〔m/s〕, 物体 B の速度を $v_B$〔m/s〕とすると, A に対する B の相対速度 $v$〔m/s〕(A から見た B の相対速度)は

$$v = v_B - v_A$$

となる。右向きを正とするので, A と B の速度はともに正となる。

(1) $v_A = +25$ m/s, $v_B = +15$ m/s より

$v = v_B - v_A = +15\ \text{m/s} - (+25\ \text{m/s})$

$= -10$ m/s 答 **大きさ：10 m/s　向き：左向き**

(2) $v = v_A - v_B = +25\ \text{m/s} - (+15\ \text{m/s})$

$= +10$ m/s 答 **大きさ：10 m/s　向き：右向き**

**5** 自動車 A, B が図のように走っている。A, B の速度をそれぞれ $v_A$〔m/s〕, $v_B$〔m/s〕として, 相対速度の大きさと向きを求めよ。右向きを正として, (　　)内には数値を, 〔　　〕内には単位を入れよ。

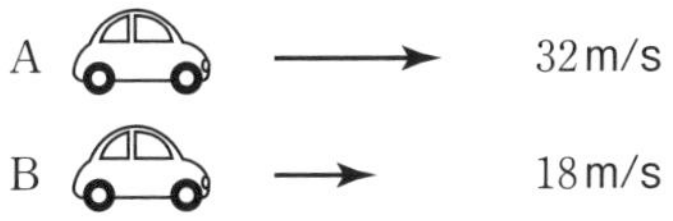


(1) A に対する B の相対速度

$v_A$ = (ア　　　)〔イ　　　〕

$v_B$ = (ウ　　　)〔エ　　　〕より

$v = v_B - v_A$

= (オ　　　)m/s − (カ　　　)m/s

$= -14$ m/s

大きさ：14 m/s　向き：左向き

(2) B に対する A の相対速度

$v_A$ = (キ　　　)〔ク　　　〕

$v_B$ = (ケ　　　)〔コ　　　〕より

$v = v_A - v_B$

= (サ　　　)m/s − (シ　　　)m/s

$= +14$ m/s

大きさ：14 m/s　向き：右向き

**6** 自動車 A, B が図のように走っている。A, B の速度をそれぞれ $v_A$〔m/s〕, $v_B$〔m/s〕として, 相対速度の大きさと向きを求めよ。右向きを正として, (　　)内には数値を, 〔　　〕内には単位を入れよ。

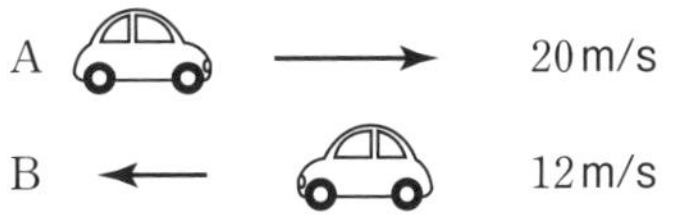


(1) A に対する B の相対速度

$v_A$ = (ア　　　)〔イ　　　〕

$v_B$ = (ウ　　　)〔エ　　　〕より

$v = v_B - v_A$

= (オ　　　)m/s − (カ　　　)m/s

$= -32$ m/s

大きさ：32 m/s　向き：左向き

(2) B に対する A の相対速度

$v_A$ = (キ　　　)〔ク　　　〕

$v_B$ = (ケ　　　)〔コ　　　〕より

$v = v_A - v_B$

= (サ　　　)m/s − (シ　　　)m/s

$= +32$ m/s

大きさ：32 m/s　向き：右向き

**7** 自動車 A, B が図のように走っている。右向きを正として, 次の問いに答えよ。

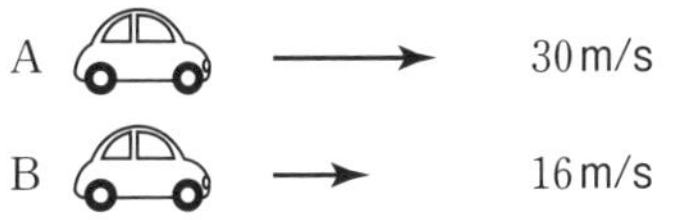


(1) A に対する B の相対速度の大きさと向きを求めよ。

大きさ：　　　　　向き：

(2) B に対する A の相対速度の大きさと向きを求めよ。

大きさ：　　　　　向き：

# 4 加速度

**例題 1** 加速度①

直線上を右向きに運動する物体がある。物体は時刻 0 秒のとき 4.0 m/s の速度で，時刻 2.0 秒のとき 8.0 m/s の速度になった。右向きを正として，物体の加速度の大きさと向きを求めよ。

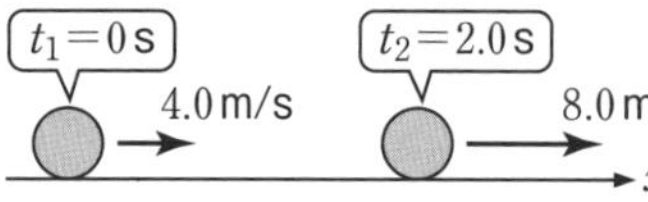


**解法** 単位時間あたりの速度の変化量を加速度という。時刻 $t_1$〔s〕の速度を $v_1$〔m/s〕，時刻 $t_2$〔s〕の速度を $v_2$〔m/s〕とすると，加速度 $a$〔m/s$^2$〕は

$$a=\frac{v_2-v_1}{t_2-t_1}$$

となる。$v_1=4.0$ m/s，$v_2=8.0$ m/s，$t_1=0$ s，$t_2=2.0$ s を代入して

$$a=\frac{8.0\ \text{m/s}-4.0\ \text{m/s}}{2.0\ \text{s}-0\ \text{s}}=+2.0\ \text{m/s}^2$$

計算結果が正であることから，加速度の向きは右向きとなる。

**答 大きさ：2.0 m/s$^2$　向き：右向き**

**1** 物体が図のように動いたとき，物体の加速度の大きさと向きを求めよ。右向きを正として，(　)内には数値を，〔　〕内には単位を入れよ。

(1)

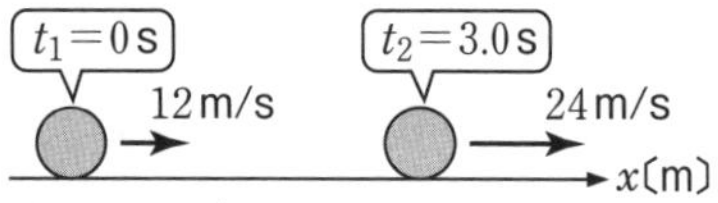


$v_1=$(ア　　)〔イ　　〕
$v_2=$(ウ　　)〔エ　　〕
$t_1=$(オ　　)〔カ　　〕
$t_2=$(キ　　)〔ク　　〕
より

$$a=\frac{(\text{ケ}\quad)\text{m/s}-(\text{コ}\quad)\text{m/s}}{(\text{サ}\quad)\text{s}-(\text{シ}\quad)\text{s}}$$
$$=+4.0\ \text{m/s}^2$$

大きさ：4.0 m/s$^2$　向き：右向き

(2)

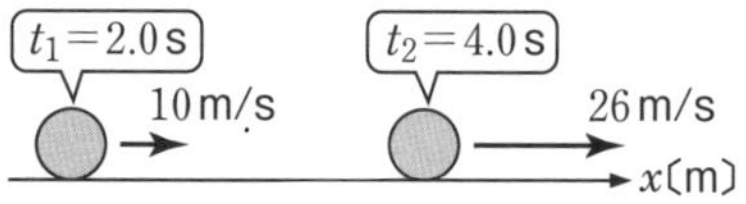


$v_1=$(ス　　)〔セ　　〕
$v_2=$(ソ　　)〔タ　　〕
$t_1=$(チ　　)〔ツ　　〕
$t_2=$(テ　　)〔ト　　〕より

$$a=\frac{(\text{ナ}\quad)\text{m/s}-(\text{ニ}\quad)\text{m/s}}{(\text{ヌ}\quad)\text{s}-(\text{ネ}\quad)\text{s}}$$
$$=+8.0\ \text{m/s}^2$$

大きさ：8.0 m/s$^2$　向き：右向き

**2** 物体が図のように動いたとき，右向きを正として，物体の加速度の大きさと向きを求めよ。

(1)

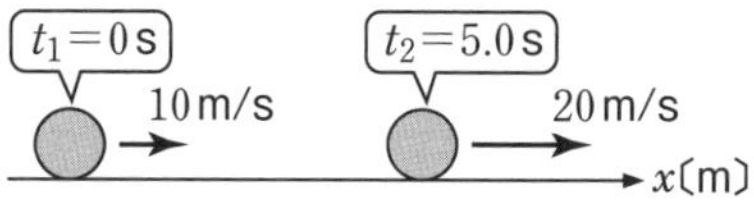


大きさ：　　　　向き：

(2)

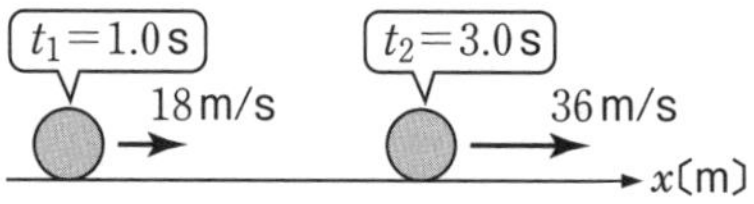


大きさ：　　　　向き：


☑ $a$〔m/s$^2$〕：加速度　$v$〔m/s〕：速度　$t$〔s〕：時刻

## 例題 2 加速度②

直線上を，右向きに運動する物体がある。物体は時刻 0 秒のとき 9.0 m/s の速度で，時刻 3.0 秒のとき 4.5 m/s の速度になった。右向きを正として，物体の加速度の大きさと向きを求めよ。

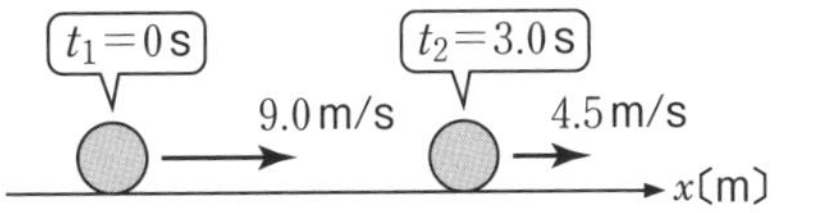


**解法** 加速度の式 $a=\dfrac{v_2-v_1}{t_2-t_1}$

に，$v_1=9.0$ m/s，$v_2=4.5$ m/s，$t_1=0$ s，$t_2=3.0$ s を代入して

$$a=\frac{4.5\ \mathrm{m/s}-9.0\ \mathrm{m/s}}{3.0\ \mathrm{s}-0\ \mathrm{s}}=-1.5\ \mathrm{m/s^2}$$

計算結果が負であることから，加速度の向きは左向きとなる。

**答 大きさ：1.5 m/s$^2$　向き：左向き**

**3** 物体が図のように動いたとき，物体の加速度の大きさと向きを求めよ。右向きを正として，(　　)内には数値を，〔　　〕内には単位を入れよ。

(1)

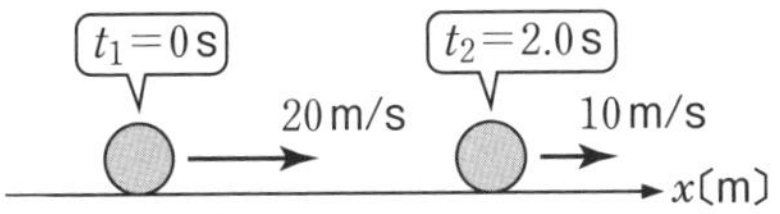


$v_1=$(ア　　)〔イ　　〕

$v_2=$(ウ　　)〔エ　　〕

$t_1=$(オ　　)〔カ　　〕

$t_2=$(キ　　)〔ク　　〕より

$$a=\frac{(\text{ケ}\quad)\ \mathrm{m/s}-(\text{コ}\quad)\ \mathrm{m/s}}{(\text{サ}\quad)\ \mathrm{s}-(\text{シ}\quad)\ \mathrm{s}}$$

$=-5.0\ \mathrm{m/s^2}$

大きさ：5.0 m/s$^2$　向き：左向き

(2)

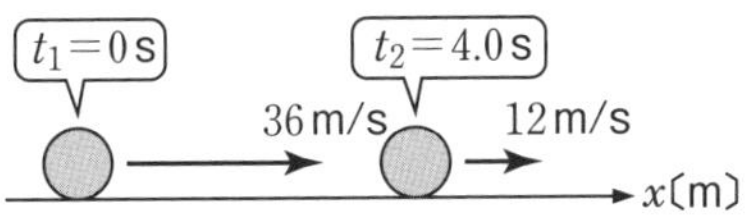


$v_1=$(ス　　)〔セ　　〕

$v_2=$(ソ　　)〔タ　　〕

$t_1=$(チ　　)〔ツ　　〕

$t_2=$(テ　　)〔ト　　〕より

$$a=\frac{(\text{ナ}\quad)\ \mathrm{m/s}-(\text{ニ}\quad)\ \mathrm{m/s}}{(\text{ヌ}\quad)\ \mathrm{s}-(\text{ネ}\quad)\ \mathrm{s}}$$

$=-6.0\ \mathrm{m/s^2}$

大きさ：6.0 m/s$^2$　向き：左向き

**4** 物体が図のように動いたとき，右向きを正として，物体の加速度の大きさと向きを求めよ。

(1)

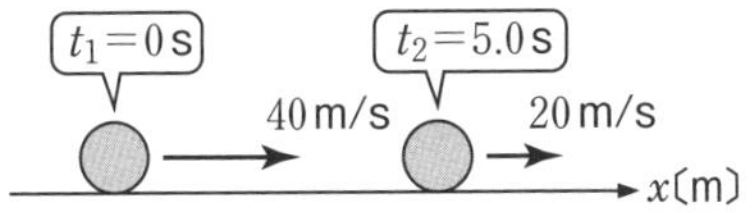


大きさ：　　　　　向き：

(2)

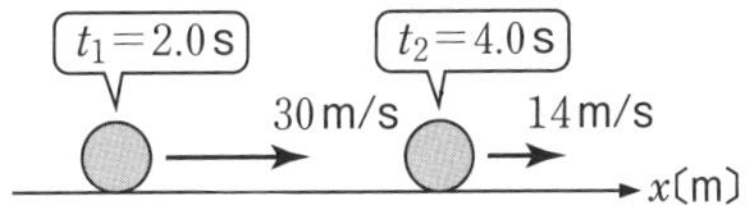


大きさ：　　　　　向き：

(3)

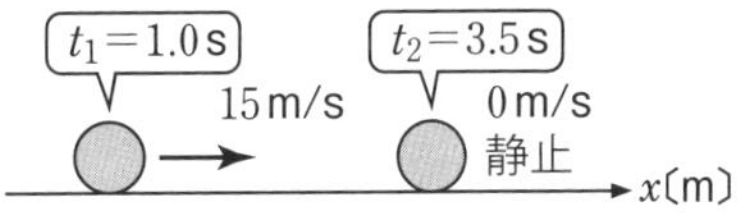


大きさ：　　　　　向き：

(4)

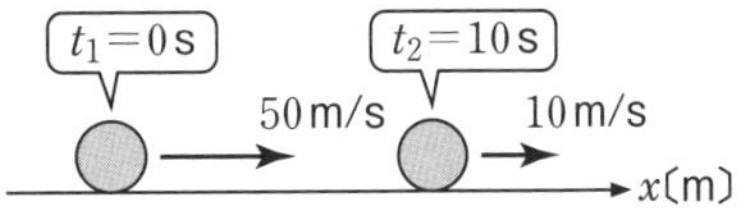


大きさ：　　　　　向き：

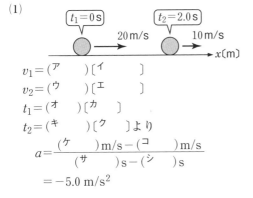

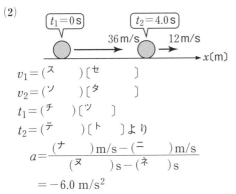

# 5 等加速度直線運動①

**例題 1 速度の式**

直線上を正の向きに 3.0 m/s の速度で物体が動いている。1.0 m/s$^2$ の一定の加速度で運動したとき，加速してから 2.0 秒後の物体の速度は何 m/s か。

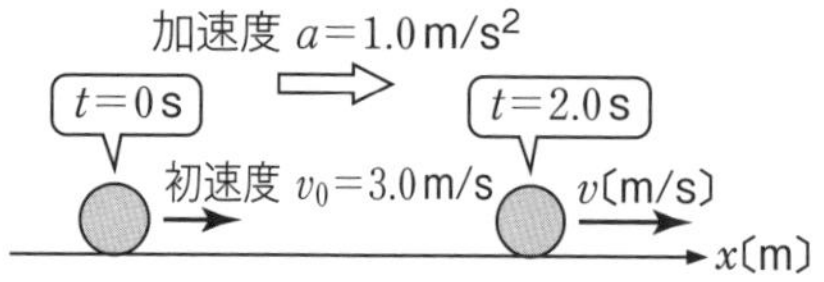


**解法** 物体は等加速度直線運動をしている。

初速度(時刻 0 秒の速度)を $v_0$〔m/s〕，加速度を $a$〔m/s$^2$〕，時間を $t$〔s〕とすると，$t$ 秒後の物体の速度 $v$〔m/s〕は

$$v=v_0+at$$

となる。$v_0$=3.0 m/s，$a$=1.0 m/s$^2$，$t$=2.0 s より

$v$=3.0 m/s+1.0 m/s$^2$×2.0 s

=+5.0 m/s　　**答 +5.0 m/s**

**1** 直線上を正の向きに 4.0 m/s の速度で物体が動いている。2.0 m/s$^2$ の一定の加速度で運動したとき，加速してから 1.0 秒後の物体の速度は何 m/s か。(　　)内には数値を，〔　　〕内には単位を入れよ。

$v_0$=(ア　　)〔イ　　〕

$a$=(ウ　　)〔エ　　〕

$t$=(オ　　)〔カ　　〕より

$v=v_0+at$

=(キ　　)m/s

+(ク　　)m/s$^2$×(ケ　　)s

=+6.0 m/s

**2** 直線上を正の向きに 2.5 m/s の速度で物体が動いている。

(1) 3.0 m/s$^2$ の一定の加速度で運動したとき，加速してから 2.0 秒後の物体の速度は何 m/s か。

(2) 2.0 m/s$^2$ の一定の加速度で運動したとき，加速してから 1.5 秒後の物体の速度は何 m/s か。

**3** 直線上を正の向きに 4.0 m/s の速度で物体が動いている。−1.0 m/s$^2$ の一定の加速度で運動したとき，加速してから 3.0 秒後の物体の速度は何 m/s か。(　　)内には数値を，〔　　〕内には単位を入れよ。

$v_0$=(ア　　)〔イ　　〕

$a$=(ウ　　)〔エ　　〕

$t$=(オ　　)〔カ　　〕より

$v=v_0+at$

=(キ　　)m/s

+(ク　　)m/s$^2$×(ケ　　)s

=+1.0 m/s

**4** 直線上を正の向きに 2.5 m/s の速度で物体が動いている。

(1) −1.0 m/s$^2$ の一定の加速度で運動したとき，加速してから 1.0 秒後の物体の速度は何 m/s か。

(2) −2.0 m/s$^2$ の一定の加速度で運動したとき，加速してから 4.0 秒後の物体の速度は何 m/s か。

**例題 2　変位の式**

直線上を正の向きに 3.0 m/s の速度で物体が動いている。1.0 m/s$^2$ の一定の加速度で運動したとき，加速してから 2.0 秒間に物体は何 m 進むか。

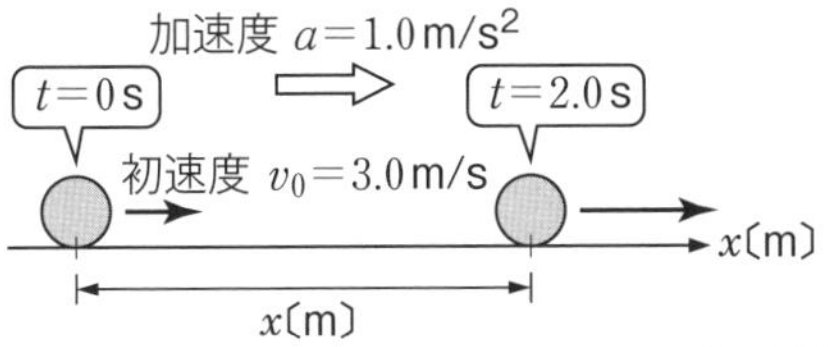


**解法**　初速度を $v_0$〔m/s〕，加速度を $a$〔m/s$^2$〕，時間を $t$〔s〕とすると，$t$〔s〕間に物体が $x$〔m〕進んだとき

$$x = v_0 t + \frac{1}{2}at^2$$

となる。$v_0$＝3.0 m/s，$a$＝1.0 m/s$^2$，$t$＝2.0 s より

$$x = 3.0\ \mathrm{m/s} \times 2.0\ \mathrm{s} + \frac{1}{2} \times 1.0\ \mathrm{m/s^2} \times (2.0\ \mathrm{s})^2$$

$$= 6.0\ \mathrm{m} + 2.0\ \mathrm{m} = 8.0\ \mathrm{m}$$

**答 8.0 m**

**5**　直線上を正の向きに 2.0 m/s の速度で物体が動いている。4.0 m/s$^2$ の一定の加速度で運動したとき，加速してから 1.0 秒間に物体は何 m 進むか。(　　)内には数値を，〔　　〕内には単位を入れよ。

$v_0$＝(ア　　)〔イ　　〕

$a$＝(ウ　　)〔エ　　〕

$t$＝(オ　　)〔カ　　〕より

$x = v_0 t + \frac{1}{2}at^2$

＝(キ　　)m/s×(ク　　)s

　＋$\frac{1}{2}$×(ケ　　)m/s$^2$×((コ　　)s)$^2$

＝2.0 m＋2.0 m

＝4.0 m

**6**　直線上を正の向きに 2.0 m/s の速度で物体が動いている。

(1) 1.5 m/s$^2$ の一定の加速度で運動したとき，加速してから 2.0 秒間に物体は何 m 進むか。

(2) 2.4 m/s$^2$ の一定の加速度で運動したとき，加速してから 1.0 秒間に物体は何 m 進むか。

**7**　直線上を正の向きに 2.0 m/s の速度で物体が動いている。−1.0 m/s$^2$ の一定の加速度で運動したとき，加速してから 2.0 秒間に物体は何 m 進むか。(　　)内には数値を，〔　　〕内には単位を入れよ。

$v_0$＝(ア　　)〔イ　　〕

$a$＝(ウ　　)〔エ　　〕

$t$＝(オ　　)〔カ　　〕より

$x = v_0 t + \frac{1}{2}at^2$

＝(キ　　)m/s×(ク　　)s

　＋$\frac{1}{2}$×(ケ　　)m/s$^2$×((コ　　)s)$^2$

＝4.0 m−2.0 m

＝2.0 m

**8**　直線上を正の向きに 2.0 m/s の速度で物体が動いている。

(1) −2.0 m/s$^2$ の一定の加速度で運動したとき，加速してから 1.0 秒間に物体は何 m 進むか。

(2) −0.50 m/s$^2$ の一定の加速度で運動したとき，加速してから 4.0 秒間に物体は何 m 進むか。

等加速度直線運動の式に代入するとき，正負の符号も式に入れる。

# 6 等加速度直線運動②

**例題 1　時間 $t$ を含まない式の利用①**

直線上を 4.0 m/s の速度で運動していた物体が，2.0 m/s$^2$ の一定の加速度で加速した。速度が 6.0 m/s になったとき，物体は何 m 進んでいるか。

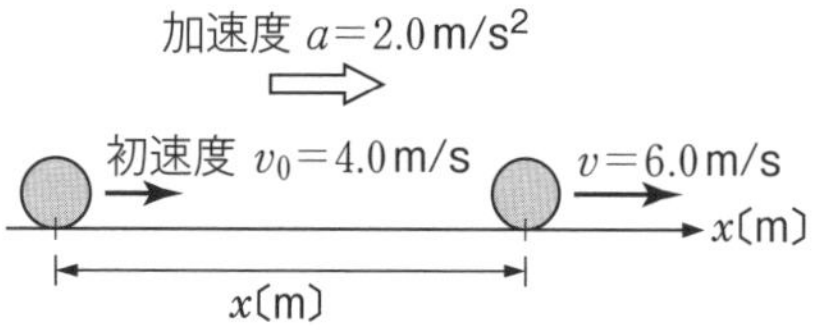


**解法**　移動に要する時間がわからない場合は，

$$v^2-v_0{}^2=2ax$$

の関係式を用いる。初速度を $v_0=4.0$ m/s，加速度を $a=2.0$ m/s$^2$，変位 $x$〔m〕のときの速度を $v=6.0$ m/s として式に代入する。

$$(6.0\ \mathrm{m/s})^2-(4.0\ \mathrm{m/s})^2=2\times2.0\ \mathrm{m/s^2}\times x$$
$$36\ \mathrm{m^2/s^2}-16\ \mathrm{m^2/s^2}=4.0\ \mathrm{m/s^2}\times x$$
$$x=5.0\ \mathrm{m}$$

**答 5.0 m**

**1** 例題 1 で，加速したあとの物体の速度が 8.0 m/s になったとする。(　　)内には数値を，〔　　〕内には単位を入れよ。

$v=$（ア　　）〔イ　　〕

$v_0=$（ウ　　）〔エ　　〕

$a=$（オ　　）〔カ　　〕より

（キ　　）$^2-$（ク　　）$^2=2\times$（ケ　　）$\times x$

$x=12$ m

**2** 直線上を 5.0 m/s の速度で運動していた物体が，3.0 m/s$^2$ の一定の加速度で加速した。速度が 7.0 m/s になったとき，物体は何 m 進んでいるか。

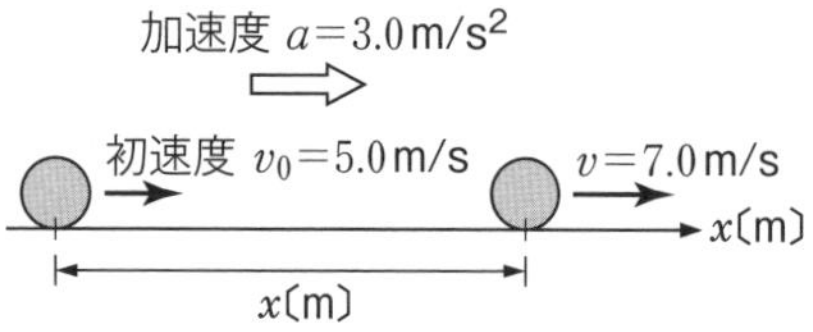


**例題 2　時間 $t$ を含まない式の利用②**

直線上を 2.0 m/s の速度で運動していた物体が，一定の加速度で加速し，2.5 m 進んで速度が 3.0 m/s になった。物体の加速度の大きさを求めよ。

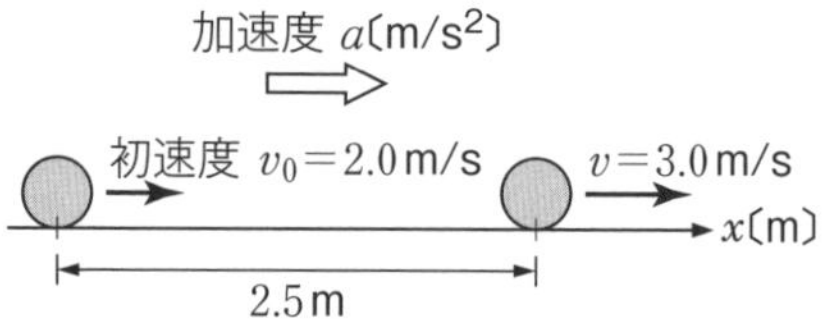


**解法**　移動に要する時間がわからない場合は，

$$v^2-v_0{}^2=2ax$$

の関係式を用いる。加速度を $a$〔m/s$^2$〕として，物体が $x=2.5$ m 進んだときの，速度 $v=3.0$ m/s，初速度 $v_0=2.0$ m/s を式に代入する。

$$(3.0\ \mathrm{m/s})^2-(2.0\ \mathrm{m/s})^2=2\times a\times2.5\ \mathrm{m}$$
$$9.0\ \mathrm{m^2/s^2}-4.0\ \mathrm{m^2/s^2}=5.0\ \mathrm{m}\times a$$
$$a=1.0\ \mathrm{m/s^2}$$

**答 1.0 m/s$^2$**

**3** 例題 2 で，加速したあとの物体の速度が 4.0 m/s になったとする。(　　)内には数値を，〔　　〕内には単位を入れよ。

$x=$（ア　　）〔イ　　〕

$v=$（ウ　　）〔エ　　〕

$v_0=$（オ　　）〔カ　　〕より

（キ　　）$^2-$（ク　　）$^2=2\times a\times$（ケ　　）

$a=2.4$ m/s$^2$

**4** 直線上を 5.0 m/s の速度で運動していた物体が，一定の加速度で加速し，10 m 進んで速度が 7.0 m/s になった。物体の加速度の大きさを求めよ。

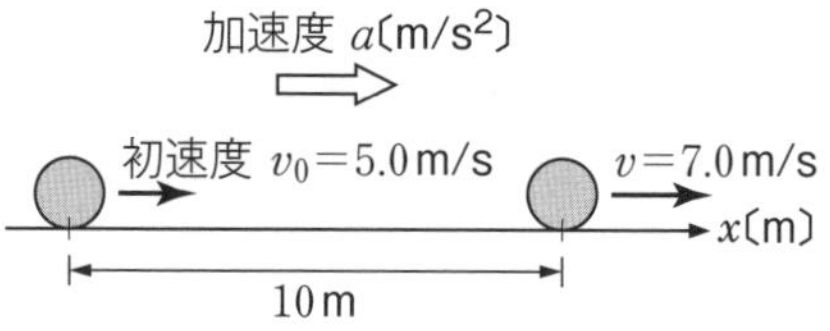


 移動に要する時間がわからない場合は，$v^2-v_0{}^2=2ax$ の式を用いる。

## 例題 3　$v-t$ グラフ

図は，あるエレベータの $v-t$ グラフである。次の問いに答えよ。

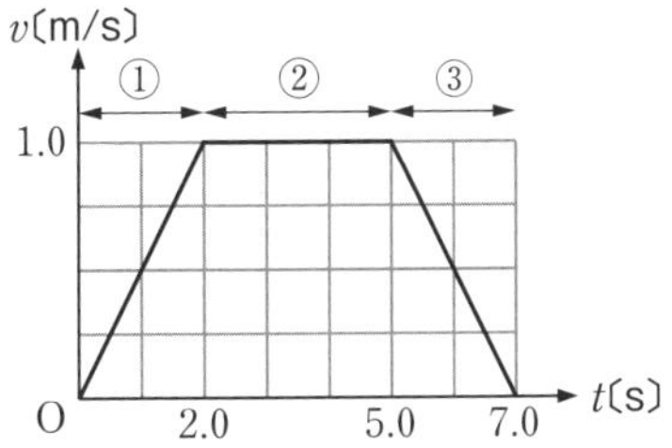


(1) ①の間の加速度 $a_1$ は何 $\mathrm{m/s^2}$ か。また，変位 $x_1$ は何 m か。

(2) ②の間の変位 $x_2$ は何 m か。

(3) ③の間の加速度 $a_3$ は何 $\mathrm{m/s^2}$ か。また，変位 $x_3$ は何 m か。

(4) エレベータの変位 $x$ は何 m か。

---

**解法** (1) $v-t$ グラフの直線の傾きが加速度を表すことから，加速度 $a_1$〔$\mathrm{m/s^2}$〕は

$$a_1=\frac{1.0\ \mathrm{m/s}-0\ \mathrm{m/s}}{2.0\ \mathrm{s}-0\ \mathrm{s}}=0.50\ \mathrm{m/s^2}$$

**答 0.50 $\mathrm{m/s^2}$**

**注** エレベータは加速しているので加速度は正となる。

$v-t$ グラフの囲む面積が変位を表すことから，①の間の三角形の面積から変位 $x_1$〔m〕を求める。

$$x_1=\frac{1}{2}\times(2.0\ \mathrm{s}-0\ \mathrm{s})\times1.0\ \mathrm{m/s}=1.0\ \mathrm{m}$$

**答 1.0 m**

(2) ②の間の長方形の面積が，変位 $x_2$〔m〕となる。

$$x_2=(5.0\ \mathrm{s}-2.0\ \mathrm{s})\times1.0\ \mathrm{m/s}=3.0\ \mathrm{m}$$

**答 3.0 m**

(3) (1)と同様に，$v-t$ グラフの傾きから加速度 $a_3$〔$\mathrm{m/s^2}$〕を求める。

$$a_3=\frac{0\ \mathrm{m/s}-1.0\ \mathrm{m/s}}{7.0\ \mathrm{s}-5.0\ \mathrm{s}}=-0.50\ \mathrm{m/s^2}$$

**答 −0.50 $\mathrm{m/s^2}$**

**注** エレベータは減速しているので加速度は負となる。

③の間の三角形の面積から変位 $x_3$〔m〕を求める。

$$x_3=\frac{1}{2}\times(7.0\ \mathrm{s}-5.0\ \mathrm{s})\times1.0\ \mathrm{m/s}=1.0\ \mathrm{m}$$

**答 1.0 m**

(4) エレベータの変位 $x$〔m〕は，①～③の変位を合計すればよい。

$$x=x_1+x_2+x_3$$
$$=1.0\ \mathrm{m}+3.0\ \mathrm{m}+1.0\ \mathrm{m}$$
$$=5.0\ \mathrm{m}$$

**答 5.0 m**

**5** 図は，あるエレベータの $v-t$ グラフである。(　　)内に数値を入れよ。

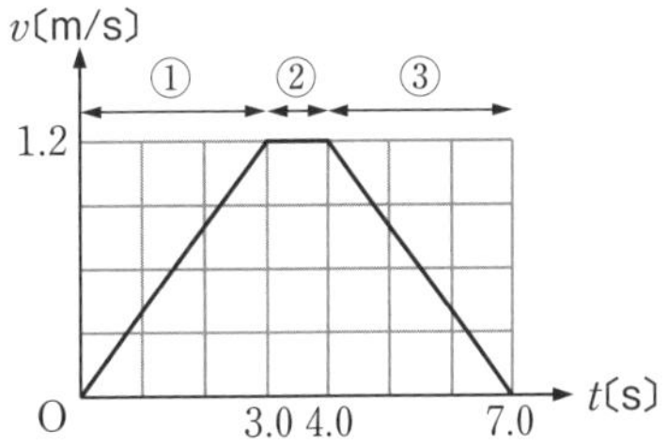


(1) ①の間の加速度 $a_1$ は何 $\mathrm{m/s^2}$ か。また，変位 $x_1$ は何 m か。

$a_1=\dfrac{(^{ア}\quad)\mathrm{m/s}-(^{イ}\quad)\mathrm{m/s}}{(^{ウ}\quad)\mathrm{s}-(^{エ}\quad)\mathrm{s}}$

$=0.40\ \mathrm{m/s^2}$

$x_1=\dfrac{1}{2}\times((^{オ}\quad)\mathrm{s}-(^{カ}\quad)\mathrm{s})$

$\times(^{キ}\quad)\mathrm{m/s}$

$=1.8\ \mathrm{m}$

(2) ②の間の変位 $x_2$ は何 m か。

$x_2=((^{ク}\quad)\mathrm{s}-(^{ケ}\quad)\mathrm{s})\times(^{コ}\quad)\mathrm{m/s}$

$=1.2\ \mathrm{m}$

(3) ③の間の加速度 $a_3$ は何 $\mathrm{m/s^2}$ か。また，変位 $x_3$ は何 m か。

$a_3=\dfrac{(^{サ}\quad)\mathrm{m/s}-(^{シ}\quad)\mathrm{m/s}}{(^{ス}\quad)\mathrm{s}-(^{セ}\quad)\mathrm{s}}$

$=-0.40\ \mathrm{m/s^2}$

$x_3=\dfrac{1}{2}\times((^{ソ}\quad)\mathrm{s}-(^{タ}\quad)\mathrm{s})$

$\times(^{チ}\quad)\mathrm{m/s}$

$=1.8\ \mathrm{m}$

(4) エレベータの変位 $x$ は何 m か。

$x=x_1+x_2+x_3$

$=(^{ツ}\quad)\mathrm{m}+(^{テ}\quad)\mathrm{m}+(^{ト}\quad)\mathrm{m}$

$=4.8\ \mathrm{m}$

$v-t$ グラフ ⇒ 傾きは加速度を，面積は変位を表す。

# 7 等加速度直線運動③

**例題 1** 自由落下運動

建物の屋上から小球を自由落下させた。重力加速度の大きさを 9.8 m/s$^2$ とする。

(1) 2.0 秒後の小球の速さは何 m/s か。

(2) 2.0 秒後，物体は何 m 落下しているか。

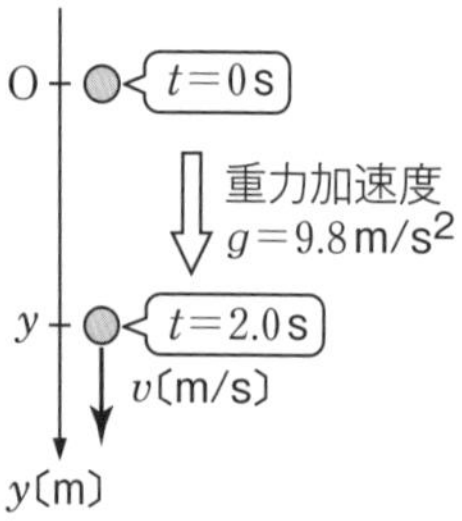


**解法** 物体を初速度 0 で落下させる運動を自由落下運動という。

(1) 重力加速度の大きさを $g$〔m/s$^2$〕とすると，$t$〔s〕後の速さ $v$〔m/s〕は

$$v=gt$$

となる。$g=9.8$ m/s$^2$，$t=2.0$ s を代入して

$$v=9.8\ \mathrm{m/s^2}\times 2.0\ \mathrm{s}$$
$$=19.6\ \mathrm{m/s}\fallingdotseq 20\ \mathrm{m/s}$$

**答 20 m/s**

(2) 小球が，$t$〔s〕間に落下する距離 $y$〔m〕は

$$y=\frac{1}{2}gt^2$$

となる。$g=9.8$ m/s$^2$，$t=2.0$ s を代入して

$$y=\frac{1}{2}\times 9.8\ \mathrm{m/s^2}\times(2.0\ \mathrm{s})^2$$
$$=19.6\ \mathrm{m}\fallingdotseq 20\ \mathrm{m}$$

**答 20 m**

**1** 橋の上から小球を自由落下させた。重力加速度の大きさを 9.8 m/s$^2$ として，(　　)内には数値を，〔　　〕内には単位を入れよ。

(1) 4.0 秒後の小球の速さは何 m/s か。

$g=$(ア　　)〔イ　　　〕

$t=$(ウ　　)〔エ　　〕より

$v=gt$

$=$(オ　　)m/s$^2\times$(カ　　)s

$=39.2$ m/s$\fallingdotseq 39$ m/s

(2) 4.0 秒後，物体は何 m 落下しているか。

$g=$(キ　　)〔ク　　　〕

$t=$(ケ　　)〔コ　　〕より

$y=\frac{1}{2}gt^2$

$=\frac{1}{2}\times$(サ　　)m/s$^2\times$((シ　　)s)$^2$

$=78.4$ m$\fallingdotseq 78$ m

**2** 建物の屋上から小球を自由落下させた。重力加速度の大きさを 9.8 m/s$^2$ とする。

(1) 1.0 秒後の小球の速さは何 m/s か。

(2) 1.0 秒後，物体は何 m 落下しているか。

**3** 建物の屋上から小球を自由落下させた。重力加速度の大きさを 9.8 m/s$^2$ とする。

(1) 3.0 秒後の小球の速さは何 m/s か。

(2) 3.0 秒後，物体は何 m 落下しているか。



☑ $g$〔m/s$^2$〕：重力加速度　$g=9.8$ m/s$^2$

## 例題 2　鉛直投げ上げ運動

初速度29.4 m/sでボールを鉛直に投げ上げた。重力加速度の大きさを9.8 m/s$^2$とする。

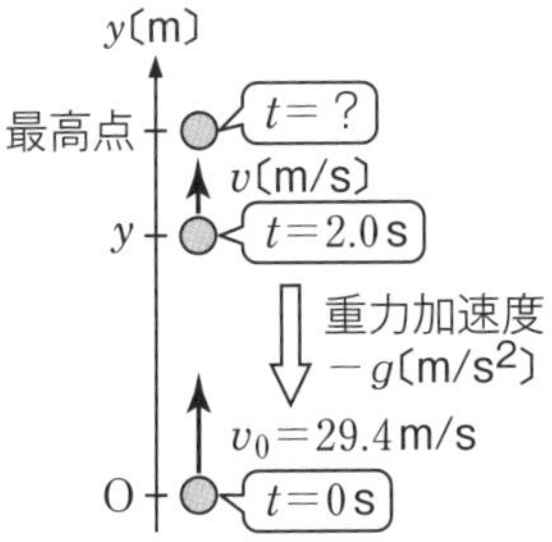


(1) 2.0秒後のボールの速さは何 m/s か。

(2) 2.0秒後のボールの高さは何 m か。

(3) 何秒後に，ボールは最高点に達するか。

**解法**　真上に投げ上げる運動を鉛直投げ上げ運動という。

(1) 初速度(投げ上げる速度)を $v_0$〔m/s〕，重力加速度の大きさを $g$〔m/s$^2$〕とすると，$t$〔s〕後の速度 $v$〔m/s〕は

$$v=v_0-gt$$

となる。$v_0$=29.4 m/s，$g$=9.8 m/s$^2$，$t$=2.0 s を代入して

$$v=29.4\ \mathrm{m/s}-9.8\ \mathrm{m/s^2}\times 2.0\ \mathrm{s}$$
$$=9.8\ \mathrm{m/s}$$

**答 9.8 m/s**

(2) $t$〔s〕後の位置 $y$〔m〕は

$$y=v_0t-\frac{1}{2}gt^2$$

となる。$v_0$=29.4 m/s，$g$=9.8 m/s$^2$，$t$=2.0 s を代入して

$$y=29.4\ \mathrm{m/s}\times 2.0\ \mathrm{s}-\frac{1}{2}\times 9.8\ \mathrm{m/s^2}\times(2.0\ \mathrm{s})^2$$
$$=39.2\ \mathrm{m}\fallingdotseq 39\ \mathrm{m}$$

**答 39 m**

(3) 速度の式 $v=v_0-gt$ から，速度 $v$ が0になるときの時間 $t$ を求める。$v$=0 m/s，$v_0$=29.4 m/s，$g$=9.8 m/s$^2$ より

$$0\ \mathrm{m/s}=29.4\ \mathrm{m/s}-9.8\ \mathrm{m/s^2}\times t$$
$$9.8\,t=29.4$$
$$t=3.0\ \mathrm{s}$$

**答 3.0 s 後**

**4** 初速度19.6 m/sでボールを鉛直に投げ上げた。重力加速度の大きさを9.8 m/s$^2$として，(　　)内には数値を，〔　　〕内には単位を入れよ。

(1) 1.0秒後のボールの速さは何 m/s か。

$v_0$=(ア　　)〔イ　　〕

$g$=(ウ　　)〔エ　　〕

$t$=(オ　　)〔カ　　〕より

$v=v_0-gt$

=(キ　　)m/s −(ク　　)m/s$^2$×(ケ　　)s

=9.8 m/s

(2) 1.0秒後のボールの高さは何 m か。

$v_0$=(コ　　)〔サ　　〕

$g$=(シ　　)〔ス　　〕

$t$=(セ　　)〔ソ　　〕より

$y=v_0t-\frac{1}{2}gt^2$

=(タ　　)m/s×(チ　　)s −$\frac{1}{2}$×(ツ　　)m/s$^2$×((テ　　)s)$^2$

=14.7 m≒15 m

(3) 何秒後に，ボールは最高点に達するか。

$v$=(ト　　)〔ナ　　〕

$v_0$=(ニ　　)〔ヌ　　〕

$g$=(ネ　　)〔ノ　　〕より

$v=v_0-gt$

(ハ　　)m/s

=(ヒ　　)m/s −(フ　　)m/s$^2$×$t$

$t$=2.0 s　　　　2.0 s 後

**5** 初速度9.8 m/sでボールを鉛直に投げ上げた。重力加速度の大きさを9.8 m/s$^2$とする。

(1) 1.0秒後のボールの速さは何 m/s か。

(2) 1.0秒後のボールの高さは何 m か。

# 8 力

## 例題 1 いろいろな力

物体が受ける力を図示せよ。

(1) 自由落下中のリンゴ

(2) 机の上に置かれたリンゴ

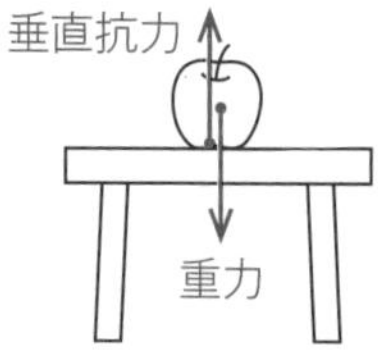


(3) 天井から糸でつるした物体

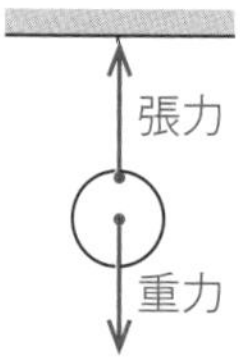


(4) 天井からばねでつるした物体

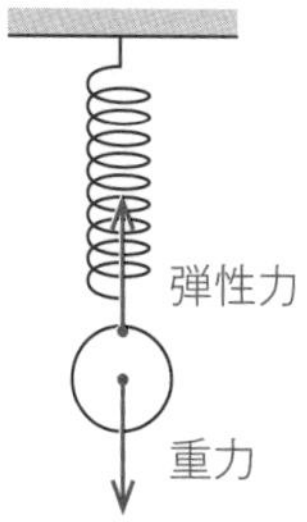


(5) 粗い面の上を運動する，手で引かれた物体

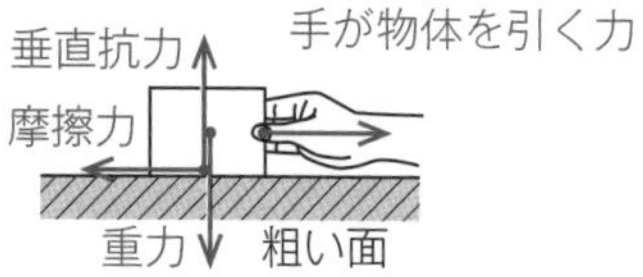


**注意** 物体が受ける摩擦力は運動を妨げる向きに働く。

**解法** 力を図示するときは，

・指定されている物体だけに注目し，他の物体が受ける力はかかない。

・はじめに，離れている物体から受ける力である遠隔力(重力)を，物体の中心からかく。

・次に，接している物体から受ける力である接触力をかく。接触力の作用点は，力を受けている物体の中にあり，力を及ぼす物体と接しているところにかく。

**1** 物体が受ける力を図示せよ。

(1) 落下中のボール

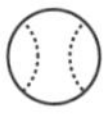

(2) 飛行中のボール

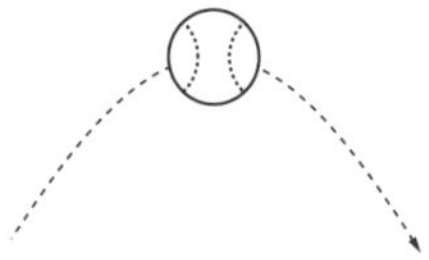

(3) 机の上に置かれたボール

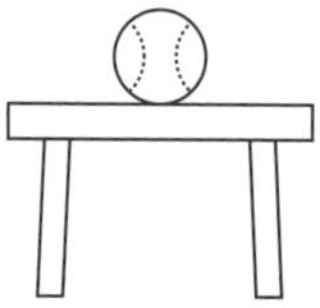

(4) ベース上に置かれたボール

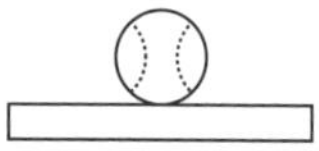

(5) 天井から糸でつるした物体

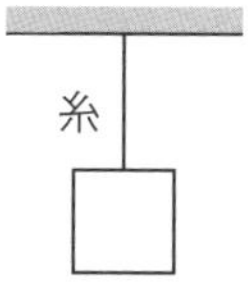


(6) 糸でつながれた物体 A

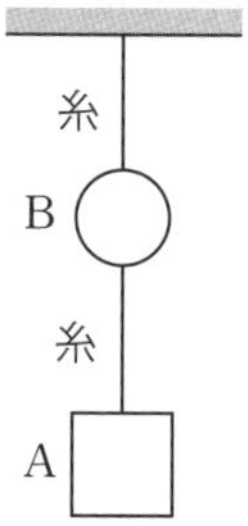


(7) 両端を糸でつながれた物体

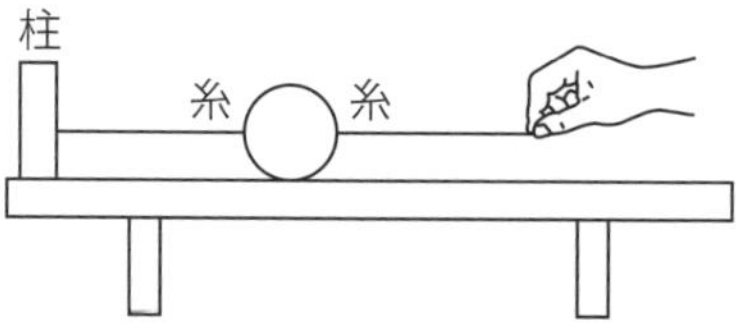



力の作用点は，力を受けている物体の中にある。

(8) 天井から斜めの方向に糸でつるした物体

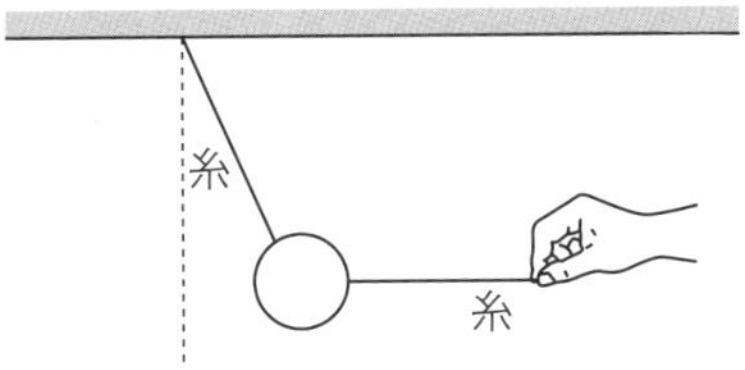


(9) 天井からばねでつるした物体

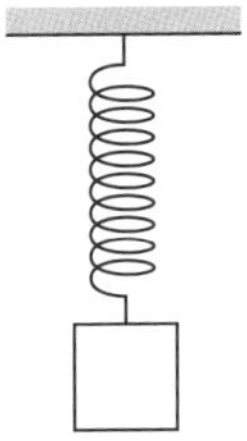

(10) 糸で引っ張っている，伸びたばねにつながれた物体

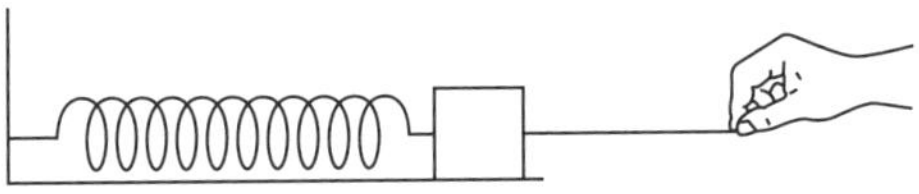

(11) 粗い面の上を運動する，手で押された物体

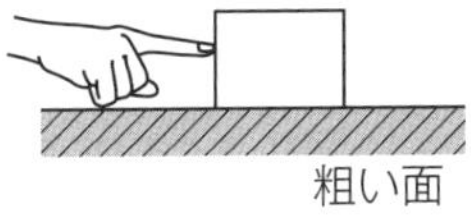


(12) 粗い面の上を運動する，糸で引かれた物体

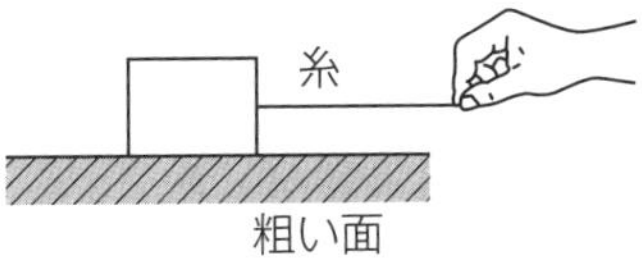


**例題 2 フックの法則**

ばね定数が 20 N/m のばねに物体をつけ，ばねを自然長から 0.050 m 伸ばした。ばねの弾性力の大きさは何 N か。

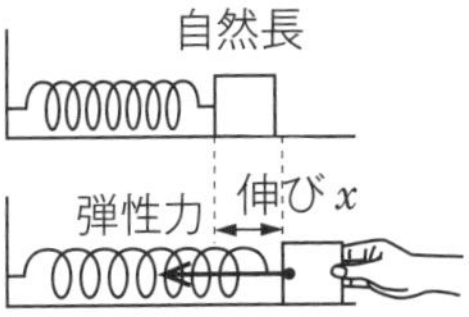


**解法** 変形した物体が元の状態に戻ろうとして他の物体に及ぼす力を弾性力という。ばね定数(ばねの硬さを表す量)を $k$〔N/m〕，伸び(または縮み)を $x$〔m〕とすると，弾性力の大きさ $F$〔N〕は

$$F = kx$$

となる(フックの法則)。

$k = 20$ N/m，$x = 0.050$ m を代入して

$$F = 20\ \text{N/m} \times 0.050\ \text{m} = 1.0\ \text{N}$$

答 **1.0 N**

**2** ばね定数 7.0 N/m のばねに物体をつけ，ばねを自然長から 0.20 m 伸ばした。弾性力の大きさは何 N か。(　)内には数値を，〔　〕内には単位を入れよ。

$k$ =(ア　　)〔イ　　〕

$x$ =(ウ　　)〔エ　　〕より

$F = kx$

=(オ　　)N/m×(カ　　)m

= 1.4 N

**3** 次の問いに答えよ。

(1) ばね定数 40 N/m のばねに物体をつけ，ばねを自然長から 0.20 m 伸ばした。弾性力の大きさは何 N か。

(2) ばね定数 24 N/m のばねに物体をつけ，ばねを自然長から 0.030 m 伸ばした。弾性力の大きさは何 N か。

# 9 力の合成・分解

## 例題 1 力の合成

次の2力を合成して，合力を図示せよ。(1)，(2)は合力の大きさも求めよ。

(1)

(2)

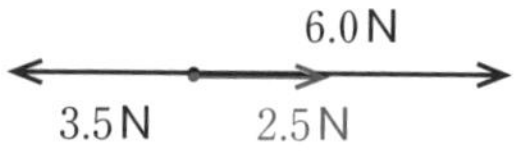


(3)

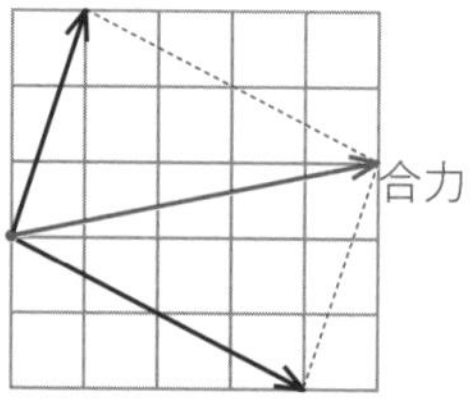


**解法** (1) 一直線上の，同じ向きの2力の合成では，2力の大きさを足す。

6.0 N＋3.0 N＝9.0 N

**答 9.0 N**

(2) 一直線上の，逆向きの2力の合成では，大きな力から小さな力を引く。

6.0 N－3.5 N＝2.5 N

**答 2.5 N**

(3) 一直線上にない2力の合成では，2力を2辺とする平行四辺形をつくり，その対角線を合力とする。

**答 図中の矢印**

**1** 次の2力を合成して，合力を図示せよ。(1)～(3)は合力の大きさも求めよ。

(1)

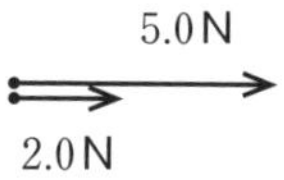


(2)

(3)

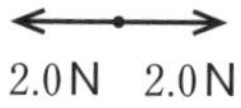


(4)

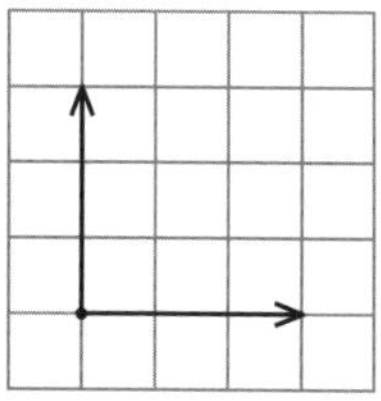

(5)

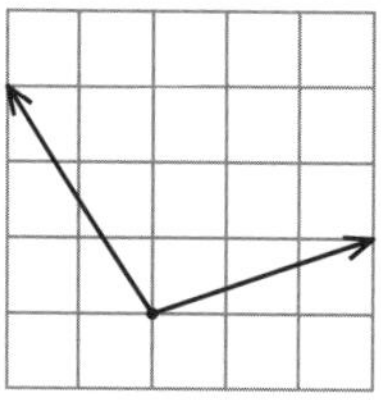

(6)

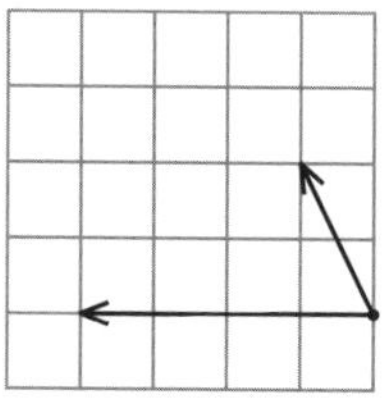

(7)

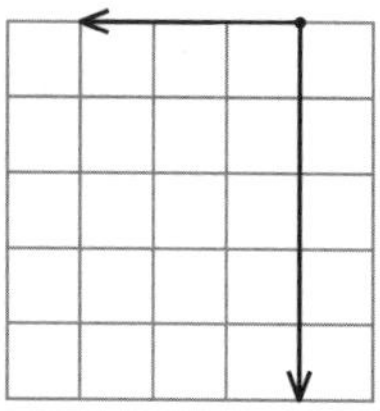

(8)

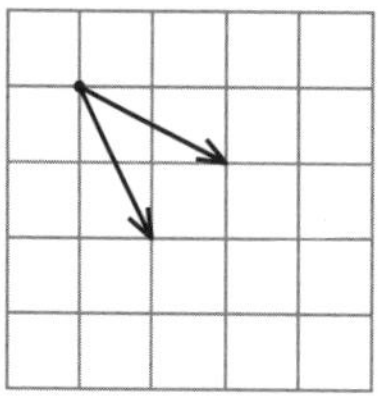

(9)

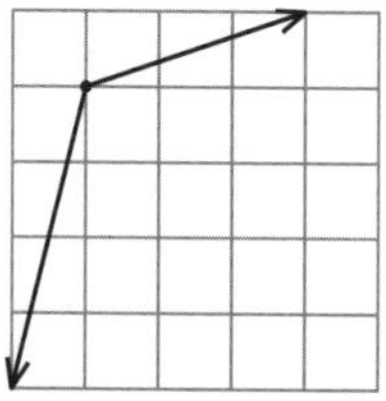


力の合成 ⇒ 2つの力を，同じ働きをする1つの力にすること。

**例題 2　力の分解**

次の力を $x$ 方向，$y$ 方向に分解して分力を図示し，分力の大きさを求めよ。ただし，図の 1 目盛りの大きさを 1.0 N とする。

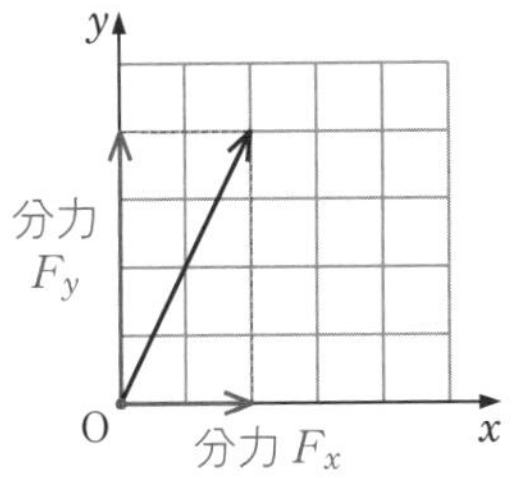


**解法**　1つの力を同じ働きをする 2 つの力にわけることを力の分解といい，分解した力のことを分力という。分解する力が長方形の対角線となるように長方形を作図し，$x$ 軸と $y$ 軸に力を分解し，目盛りの大きさを読む。

**答 $x$ 方向：2.0 N　$y$ 方向：4.0 N**

**2** 次の力を $x$ 方向，$y$ 方向に分解して分力を図示し，分力の大きさを求めよ。ただし，図の 1 目盛りの大きさを 1.0 N とする。

(1)

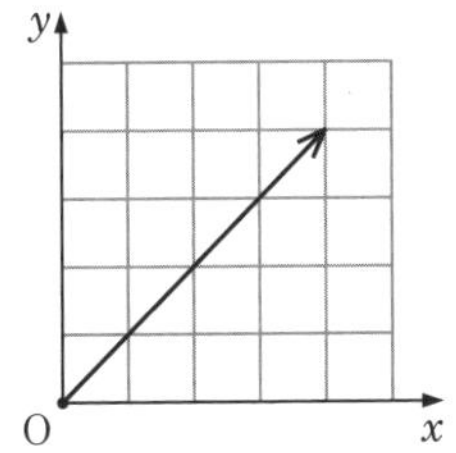


$x$ 方向：　　　　$y$ 方向：

(2)

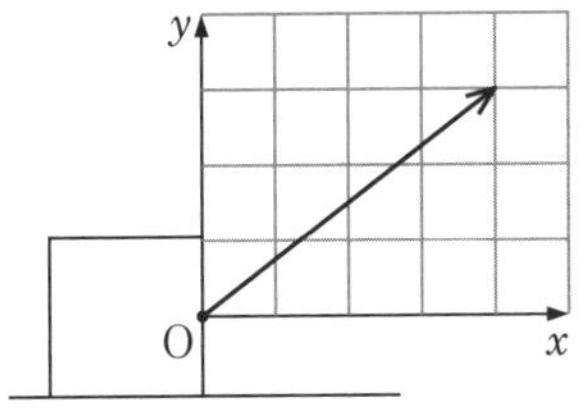


$x$ 方向：　　　　$y$ 方向：

(3)

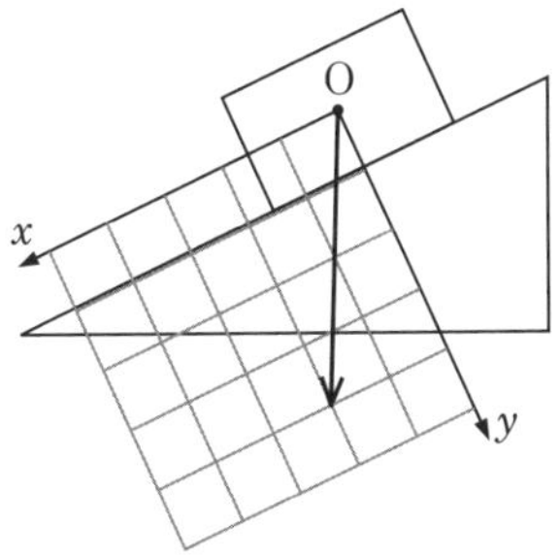


$x$ 方向：　　　　$y$ 方向：

**例題 3　分力の大きさ**

次の力を $x$ 方向，$y$ 方向に分解して分力を図示し，分力の大きさを求めよ。ただし，$\sqrt{3}=1.7$ とする。

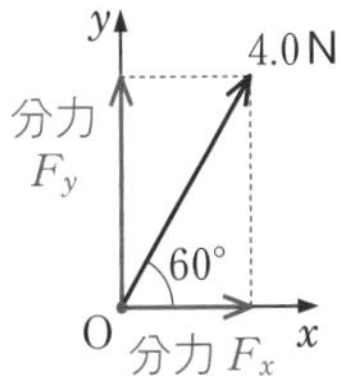


**解法**　分力の大きさは，直角三角形の辺の比の関係を用いて求める。分解する力 4.0 N と分力 $F_x$，$F_y$ は，30° と 60° の直角三角形をつくるので，辺の比 $1:2:\sqrt{3}$ の関係より

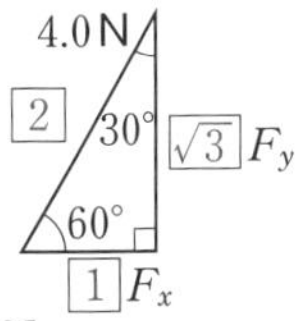


分力 $F_x$ は

$4.0\ \text{N} : F_x = 2 : 1$

$F_x = 2.0\ \text{N}$

分力 $F_y$ は

$4.0\ \text{N} : F_y = 2 : \sqrt{3}$

$F_y = 2.0\sqrt{3}\ \text{N} = 2.0\times1.7\ \text{N}$

$= 3.4\ \text{N}$

**答 $x$ 方向：2.0 N　$y$ 方向：3.4 N**

**3** 次の力を $x$ 方向，$y$ 方向に分解して分力を図示し，（　　）内には数値を入れ，分力の大きさを求めよ。ただし，$\sqrt{2}=1.4$ とする。

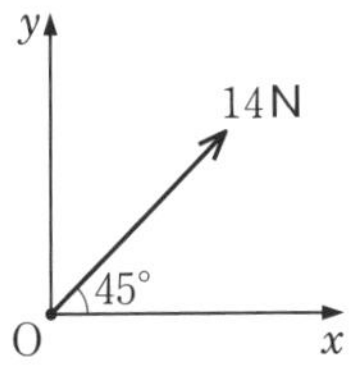


直角三角形の辺の比 1：(ア　　)：$\sqrt{2}$ の関係より

分力 $F_x$ は　$14\ \text{N} : F_x = \sqrt{2}$ ：(イ　　)

$F_x = 10\ \text{N}$

分力 $F_y$ は　$14\ \text{N} : F_y =$ (ウ　　　)：1

$F_y = 10\ \text{N}$

**4** 例題 3 で，力の大きさが 10 N のとき，$x$ 方向と $y$ 方向の分力の大きさを求めよ。

$x$ 方向：　　　　$y$ 方向：

# 10 力のつりあい

**例題 1 一直線上の 2 力のつりあい**

机の上にあるリンゴが受ける力を，大きさを考えて図示せよ。

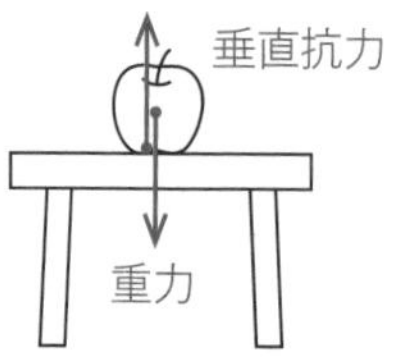


**解法** リンゴが受けている重力と垂直抗力は，つりあっている。2 力がつりあっているとき，2 力の大きさは等しく，逆向きであり，同じ作用線上にある。重力と垂直抗力を同じ大きさで，同じ作用線上にかく。

**答 図中の矢印**

**1** 物体が受ける力を，大きさを考えて図示せよ。

(1) ベースの上にあるボール

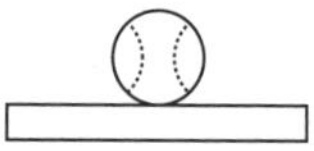

(2) 台の上にある本

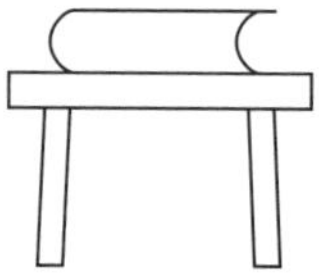

(3) 天井からひもでつるされた物体

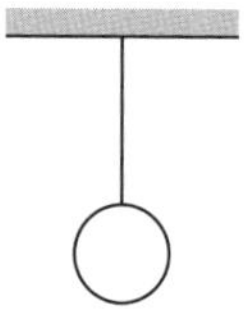

(4) 天井からばねでつるされた物体

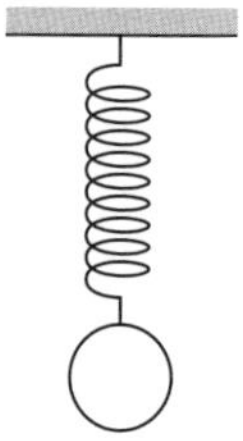

**例題 2 一直線上の 3 力のつりあい**

物体 A の上に物体 B を置く。物体 A が受ける重力の大きさが 5.0 N，物体 B が物体 A を押す力の大きさが 3.0 N のとき，物体 A が受ける垂直抗力 $N$〔N〕の大きさを求めよ。また，物体 A が受ける力を，大きさを考えて図示せよ。

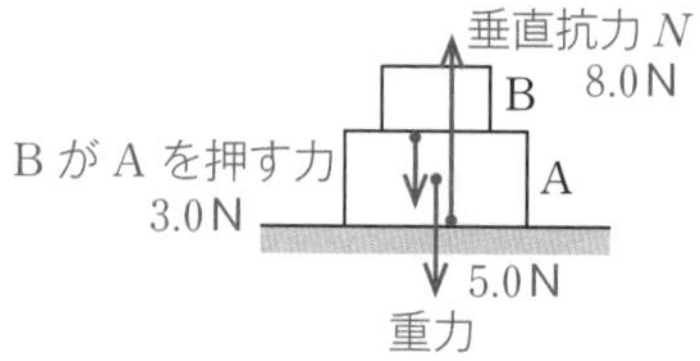


**解法** 物体 A が受ける力は，下向きに重力，下向きに B が A を押す力，上向きに垂直抗力 $N$ である。3 力はつりあっているので，下向きの 2 力の合力と上向きの垂直抗力は同じ大きさになる。

$N = 5.0\ \mathrm{N} + 3.0\ \mathrm{N} = 8.0\ \mathrm{N}$

**答 8.0 N　図中の矢印**

**2** 机の上の物体が受ける重力の大きさが 4.0 N のとき，物体が受ける垂直抗力 $N$〔N〕の大きさを求めよ。また，物体が受ける力を，大きさを考えて図示せよ。

(1) リンゴが物体を押す力の大きさが 2.0 N のとき

(2) 本が物体を押す力の大きさが 1.5 N のとき

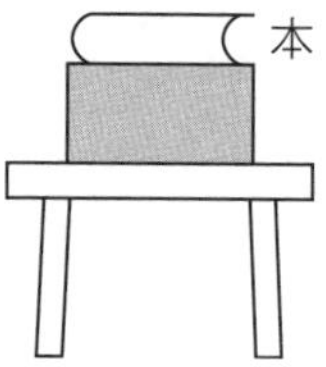




物体の上に他の物体をのせると，物体が受ける垂直抗力の大きさは，物体の重力の大きさより大きくなる。

### 例題 3 平面内の力のつりあい

物体に 2 本の糸 A，B をつけ，図のように固定した。糸 B による張力 $T$〔N〕の分力 $T_x$〔N〕，$T_y$〔N〕がそれぞれ 14 N のとき，次の問いに答えよ。

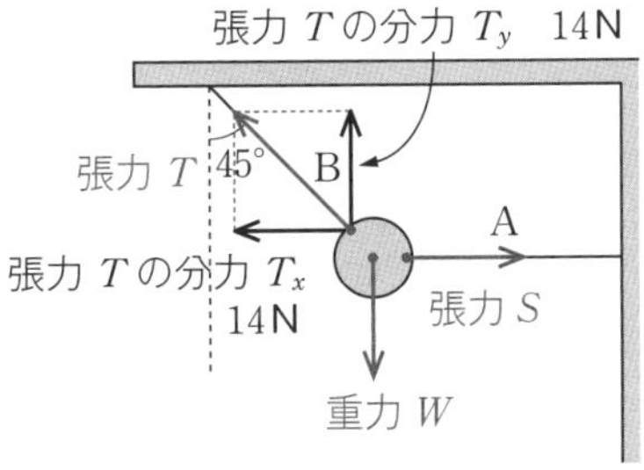


(1) 物体が受ける重力 $W$〔N〕，糸 A による張力 $S$〔N〕，糸 B による張力 $T$ を図中にかけ。

(2) 水平方向について力のつりあいの式を立て，張力 $S$ の大きさを求めよ。

(3) 鉛直方向について，力のつりあいの式を立て，重力 $W$ の大きさを求めよ。

**解法**　物体は，重力 $W$，糸 A による張力 $S$，糸 B による張力 $T$ の 3 力を受け，3 力はつりあっている。平面内での 3 力がつりあう場合は，力を水平方向($x$ 方向)と鉛直方向($y$ 方向)に分解すると，それぞれの方向で力のつりあいがなりたつ。

(1) 重力は，物体の中心から下向きに，張力 $T$ の分力 $T_y$ と同じ大きさでかく。張力 $S$ は，物体の内側で糸と接触する点から右向きに，張力 $T$ の分力 $T_x$ と同じ大きさでかく。張力 $T$ は，2 つの分力 $T_x$ と $T_y$ を平行四辺形の法則で合成する。

**答** 図中の矢印

(2) 物体が受ける水平方向($x$ 方向)の力は，張力 $S$ と張力 $T$ の分力 $T_x$ である。この 2 力はつりあっているので，力のつりあいの式は，右向きを正にすると

$S-T_x=0$

この式に $T_x=14\,\mathrm{N}$ を代入して

$S-14\,\mathrm{N}=0\,\mathrm{N}$　$S=14\,\mathrm{N}$

**答** 14 N

(3) 物体が受ける鉛直方向($y$ 方向)の力は，重力 $W$ と張力 $T$ の分力 $T_y$ である。この 2 力はつりあっているので，力のつりあいの式は，上向きを正にすると

$T_y-W=0$

この式に $T_y=14\,\mathrm{N}$ を代入して

$14\,\mathrm{N}-W=0\,\mathrm{N}$　$W=14\,\mathrm{N}$

**答** 14 N

**3** 物体に 2 本の糸 A，B をつけ，図のように固定した。糸 B による張力 $T$〔N〕の分力 $T_x$〔N〕は 10 N，分力 $T_y$〔N〕は 17 N である。（　　）内には数値を，〔　　〕内には単位を入れよ。

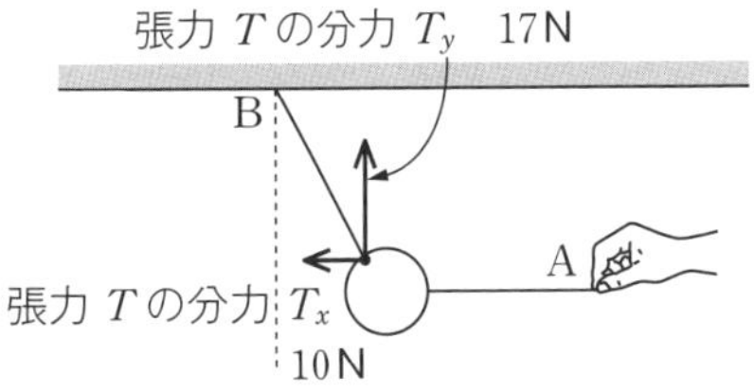


(1) 物体が受ける重力 $W$〔N〕，糸 A による張力 $S$〔N〕，糸 B による張力 $T$ を図中にかけ。

(2) 水平方向について，右向きを正にして力のつりあいの式を立て，張力 $S$ の大きさを求めよ。

(ア　　) $-T_x=0$

この式に $T_x=$ (イ　　)〔ウ　　〕を代入して

(エ　　) − (オ　　)N=0 N　よって　$S=10\,\mathrm{N}$

(3) 鉛直方向について，上向きを正にして力のつりあいの式を立て，重力 $W$ の大きさを求めよ。

$T_y-$ (カ　　) $=0$

この式に $T_y=$ (キ　　)〔ク　　〕を代入して

(ケ　　)N − (コ　　) =0 N　よって　$W=17\,\mathrm{N}$

**4** 例題 3 で，糸 B による張力 $T$〔N〕の分力 $T_x$〔N〕，$T_y$〔N〕がそれぞれ 10 N のとき，次の問いに答えよ。

(1) 水平方向について，右向きを正にして力のつりあいの式を立て，糸 A による張力 $S$ の大きさを求めよ。

(2) 鉛直方向について，上向きを正にして力のつりあいの式を立て，重力 $W$ の大きさを求めよ。

平面内の力のつりあい ⇒ 水平方向($x$ 方向)，鉛直方向($y$ 方向)で，それぞれ力がつりあう。

# 11 作用反作用

**例題 1 作用と反作用**

手がばねを引く力を作用とすると，反作用はどのような力か。その力を図示せよ。

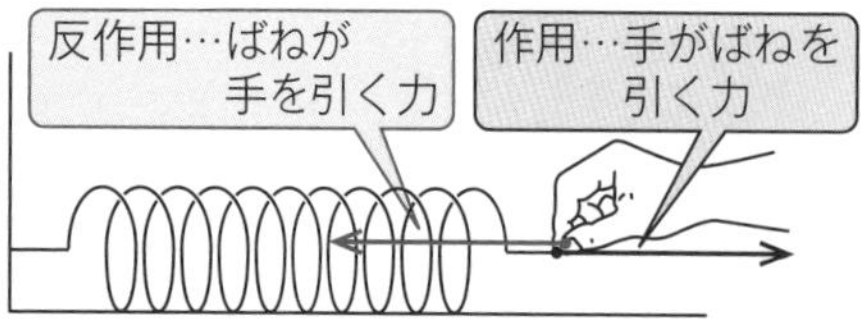


**解法** 物体Aが物体Bに力(作用)を及ぼすと，物体Bは物体Aに力(反作用)を及ぼし返す。その2力は，大きさが等しく，逆向きで，同一作用線上にある。これを作用反作用の法則という。

手がばねに力を及ぼすと，ばねは手に力を及ぼし返す。

作　用：手がばねを引く力

主語と目的語を入れ替える

反作用：ばねが手を引く力

反作用は，作用と同じ力の大きさで，力の作用点を手にして，逆向きの矢印を引く。

**答 ばねが手を引く力　図中の矢印**

**1** 次の(　　)に適切な語句を入れ，作用を実線の矢印⟶で，反作用を破線の矢印⋯➝で図示せよ。

(1) 作　用：人が物体を押す力
反作用：(ア　　　)が(イ　　　)を押す力

(2) 作　用：物体が机を押す力
反作用：(ウ　　　)が(エ　　　)を押す力

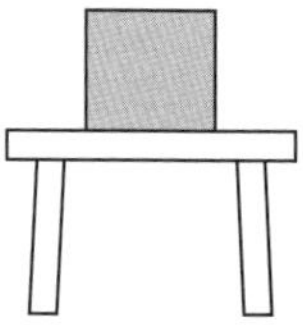

(3) 作　用：人が地面を押す力
反作用：(オ　　　)が(カ　　　)を押す力

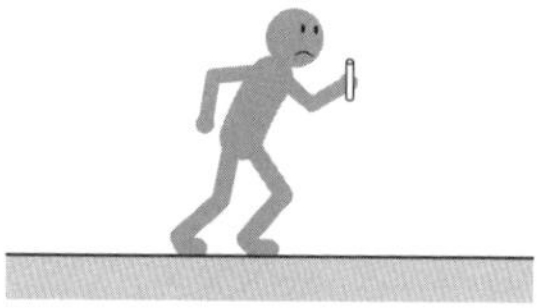

(4) 作　用：糸が物体を引く力(張力)
反作用：(キ　　　)が(ク　　　)を引く力

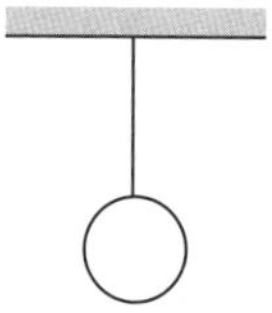

(5) 作　用：ボールが地球から受ける力(重力)
反作用：(ケ　　　)が(コ　　　)から受ける力

(6) 作　用：ロケットがガスを押す力
反作用：(サ　　　)が(シ　　　)を押す力

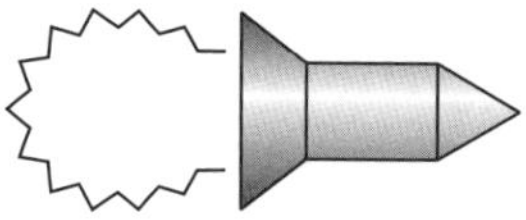

## 例題 2 作用反作用と力のつりあい

床の上に物体が置かれている。次の問いに答えよ。

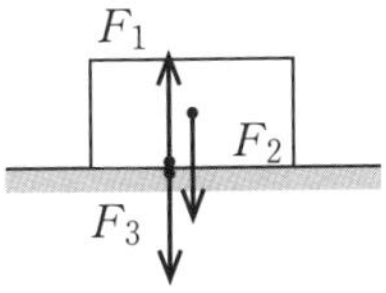


(1) $F_1$～$F_3$ の力は，何が何から受ける力か。

(2) 作用反作用の関係にある 2 力は，どれとどれか。

(3) つりあいの関係にある 2 力は，どれとどれか。

---

**解法** (1) 答 $F_1$：**物体が床から受ける力**
$F_2$：**物体が地球から受ける力**
$F_3$：**床が物体から受ける力**

(2) 作用反作用は，2つの物体が及ぼしあう 2 力の関係を考える。物体と床が，互いに力を及ぼしあっているのは $F_1$ と $F_3$。

答 $\boldsymbol{F_1}$ と $\boldsymbol{F_3}$

(3) つりあいの 2 力は，1つの物体に働く 2 力の関係を考える。物体が受ける $F_1$ と $F_2$ の 2 力がつりあいの関係にある。

答 $\boldsymbol{F_1}$ と $\boldsymbol{F_2}$

**2** 本の上にボールが置かれている。(　　)内に適する語句や力を入れよ。

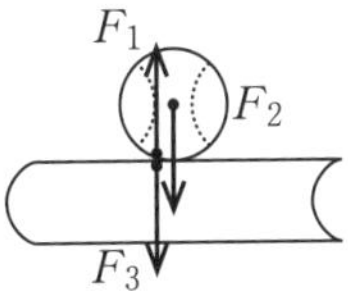


(1) $F_1$～$F_3$ の力は，何が何から受ける力か。

$F_1$：(ア　　　)が(イ　　　)から受ける力
$F_2$：(ウ　　　)が(エ　　　)から受ける力
$F_3$：(オ　　　)が(カ　　　)から受ける力

(2) 作用反作用の関係にある 2 力は，
(キ　　)と(ク　　)。

(3) つりあいの関係にある 2 力は，
(ケ　　)と(コ　　)。

**3** 天井からひもで物体をつるしている。(　　)内に適する語句や力を入れよ。

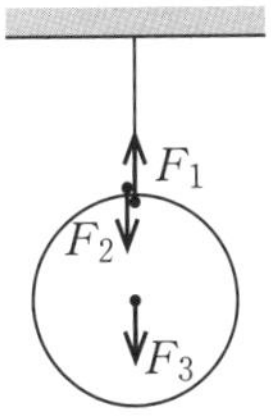


(1) $F_1$～$F_3$ の力は，何が何から受ける力か。

$F_1$：(ア　　　)が(イ　　　)から受ける力
$F_2$：(ウ　　　)が(エ　　　)から受ける力
$F_3$：(オ　　　)が(カ　　　)から受ける力

(2) 作用反作用の関係にある 2 力は，
(キ　　)と(ク　　)。

(3) つりあいの関係にある 2 力は，
(ケ　　)と(コ　　)。

**4** 天井から物体 A と B をひもでつるしている。(　　)内に適する語句や力を入れよ。

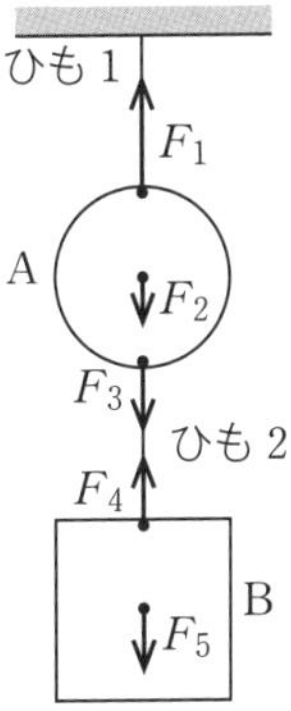


(1) $F_1$～$F_5$ の力は，何が何から受ける力か。

$F_1$：(ア　　)が(イ　　　)から受ける力
$F_2$：(ウ　　)が(エ　　　)から受ける力
$F_3$：(オ　　)が(カ　　　)から受ける力
$F_4$：(キ　　)が(ク　　　)から受ける力
$F_5$：(ケ　　)が(コ　　　)から受ける力

(2) つりあいの関係にある力は，
{(サ　　)と(シ　　)と(ス　　)
{(セ　　)と(ソ　　)

(3) $F_4$ の反作用は，(タ　　　)が(チ　　)から受ける力である。

力のつりあいの関係 ⇒ 1つの物体に働く複数の力の関係。

# 12 運動方程式・重力

**例題 1 運動方程式**

次の問いに答えよ。

(1) 質量 8.0 kg の物体に 16 N の力を加えた。物体に生じる加速度の大きさは何 $m/s^2$ か。

(2) 質量 4.0 kg の物体に一定の力を加えたところ，0.30 $m/s^2$ の加速度が生じた。加えた力の大きさは何 N か。

(3) 物体に 3.6 N の力を加えたところ，1.2 $m/s^2$ の加速度が生じた。この物体の質量は何 kg か。

---

**解法** 質量 $m$〔kg〕の物体に $a$〔$m/s^2$〕の加速度を生じさせる力は，$F$〔N〕の合力である。

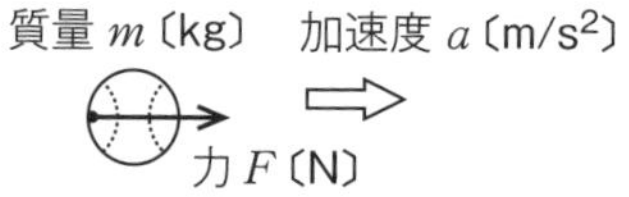


これを表した式

$$ma=F$$

を運動方程式という。加速度の向きは合力の向きとなる。

(1) $m=8.0$ kg，$F=16$ N を運動方程式に代入して

$8.0\ \text{kg}\times a=16\ \text{N}$

$a=2.0\ \text{m/s}^2$

**答 2.0 $m/s^2$**

(2) $m=4.0$ kg，$a=0.30\ \text{m/s}^2$ を運動方程式に代入して

$4.0\ \text{kg}\times 0.30\ \text{m/s}^2=F$

$F=1.2\ \text{N}$

**答 1.2 N**

(3) $F=3.6$ N，$a=1.2\ \text{m/s}^2$ を運動方程式に代入して

$m\times 1.2\ \text{m/s}^2=3.6\ \text{N}$

$m=3.0\ \text{kg}$

**答 3.0 kg**

**1** (　　)内には数値を，〔　　〕内には単位を入れよ。

(1) 質量 3.0 kg の物体に 12 N の力を加えた。物体に生じる加速度の大きさは何 $m/s^2$ か。

$m=$(ア　　)〔イ　　〕

$F=$(ウ　　)〔エ　　〕を

$ma=F$ に代入する。

(オ　　)kg×$a=$(カ　　)N

$a=4.0\ \text{m/s}^2$

(2) 質量 5.0 kg の物体に一定の力を加えたところ，0.40 $m/s^2$ の加速度が生じた。加えた力の大きさは何 N か。

$m=$(キ　　)〔ク　　〕

$a=$(ケ　　)〔コ　　〕を

$ma=F$ に代入する。

(サ　　)kg×(シ　　)$m/s^2=F$

$F=2.0$ N

(3) 物体に 80 N の力を加えたところ，1.6 $m/s^2$ の加速度が生じた。この物体の質量は何 kg か。

$F=$(ス　　)〔セ　　〕

$a=$(ソ　　)〔タ　　〕を

$ma=F$ に代入する。

$m\times$(チ　　)$m/s^2=$(ツ　　)N

$m=50$ kg

**2** 次の問いに答えよ。

(1) 質量 25 kg の物体に 50 N の力を加えた。物体に生じる加速度の大きさは何 $m/s^2$ か。

(2) 質量 15 kg の物体に一定の力を加えたところ，0.30 $m/s^2$ の加速度が生じた。加えた力の大きさは何 N か。

(3) 物体に 4.8 N の力を加えたところ，0.24 $m/s^2$ の加速度が生じた。この物体の質量は何 kg か。

## 例題 2 重力と重さ

質量 0.10 kg のリンゴがある。重力加速度の大きさを 9.8 $m/s^2$ として，次の問いに答えよ。

(1) リンゴが受ける重力の大きさは何Nか。

(2) リンゴの重さはいくらか。

**解法** 物体が受ける重力 $W$〔N〕の大きさは，質量を $m$〔kg〕，重力加速度の大きさを $g$〔$m/s^2$〕とすると，運動方程式から

$mg = W$ となる。

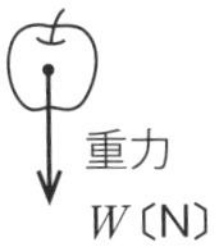


(1) $m = 0.10$ kg，$g = 9.8$ $m/s^2$ を代入して

$0.10\ \mathrm{kg} \times 9.8\ \mathrm{m/s^2} = W$

$W = 0.98$ N　**答 0.98 N**

(2) 重力の大きさを重さという。(1)の結果より，重さは 0.98 N となる。　**答 0.98 N**

**3** 質量 2.0 kg の物体がある。重力加速度の大きさを 9.8 $m/s^2$ として，(　)内には数値を，〔　〕内には単位を入れよ。

(1) この物体が受ける重力の大きさは何 N か。

$m =$ (ア　　)〔イ　　〕

$g =$ (ウ　　)〔エ　　　〕を

$mg = W$ に代入して

(オ　　) kg × (カ　　) $m/s^2 = W$

$W = 19.6\ \mathrm{N} \fallingdotseq 20\ \mathrm{N}$

(2) この物体の重さはいくらか。

(1)の結果より，重さは(キ　　)〔ク　　〕

**4** 質量 1.0 kg の物体がある。重力加速度の大きさを 9.8 $m/s^2$ として，次の問いに答えよ。

(1) この物体が受ける重力の大きさは何 N か。

＿＿＿＿＿＿

(2) この物体の重さはいくらか。

＿＿＿＿＿＿

**5** 質量 5.0 kg の物体がある。この物体が受ける重力の大きさは何 N か。ただし，重力加速度の大きさを 9.8 $m/s^2$ とする。

＿＿＿＿＿＿

## 例題 3 重力と質量

ある物体が受ける重力の大きさが 49 N のとき，物体の質量は何 kg か。ただし，重力加速度の大きさを 9.8 $m/s^2$ とする。

**解法** 物体の質量を $m$〔kg〕，重力の大きさを $W = 49$ N，重力加速度の大きさを $g = 9.8$ $m/s^2$ として，運動方程式 $mg = W$ に代入する。

$m \times 9.8\ \mathrm{m/s^2} = 49\ \mathrm{N}$

$m = 5.0$ kg　**答 5.0 kg**

**6** ある物体が受ける重力の大きさが 98 N のとき，物体の質量は何 kg か。重力加速度の大きさを 9.8 $m/s^2$ として，(　)内には数値を，〔　〕内には単位を入れよ。

$W =$ (ア　　)〔イ　　〕，$g =$ (ウ　　)〔エ　　　〕を

$mg = W$ に代入して

$m \times$ (オ　　) $m/s^2 =$ (カ　　) N

$m = 10$ kg

**7** 次の物体の質量は何 kg か。ただし，重力加速度の大きさを 9.8 $m/s^2$ とする。

(1) 物体が受ける重力の大きさが 4.9 N のとき

＿＿＿＿＿＿

(2) 物体が受ける重力の大きさが 196 N のとき

＿＿＿＿＿＿

(3) 物体が受ける重力の大きさが 29.4 N のとき

＿＿＿＿＿＿

(4) 物体が受ける重力の大きさが 392 N のとき

＿＿＿＿＿＿

重さは，重力の大きさのことである。

# 13 いろいろな力

**例題 1　静止摩擦力**

重力の大きさが 9.8 N の物体が粗い水平面上にある。静止摩擦係数は 0.50 である。次の問いに答えよ。

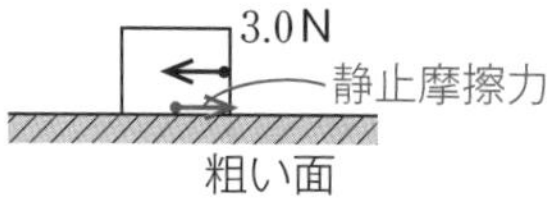


(1) この物体を 3.0 N の力で押したところ，物体は動かなかった。静止摩擦力を図示せよ。また，このときの静止摩擦力は何 N か。

(2) 物体を押す力を大きくしていったところ，物体は動き出した。最大摩擦力は何 N か。

**解法**　(1) 物体を押す力と静止摩擦力はつりあっているので，3.0 N。同じ長さで逆向きの矢印を，物体の内側の面に接するところにかく。

**答 3.0 N　図中の矢印**

(2) 物体が動き出す直前の摩擦力である最大摩擦力 $f_0$〔N〕は，物体が受ける垂直抗力を $N$〔N〕，静止摩擦係数を $\mu$(ミュー)とすると

$$f_0=\mu N$$

となる。

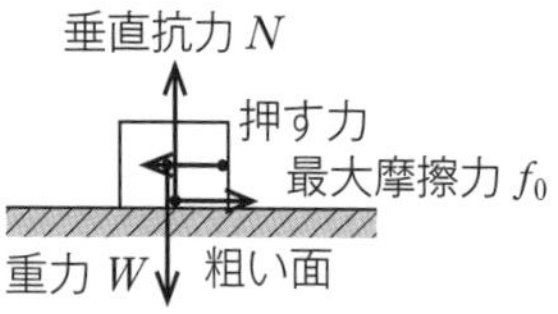


物体が受ける垂直抗力 $N$ は，物体が受ける重力 $W$ と等しいので 9.8 N である。$N=9.8$ N，$\mu=0.50$ を代入して

$$f_0=\mu N=0.50\times 9.8\ \mathrm{N}=4.9\ \mathrm{N}$$

**答 4.9 N**

**1** 重力の大きさが 40 N の物体が粗い水平面上にある。静止摩擦係数は 0.40 である。(　　)内には数値を，〔　　〕内には単位を入れよ。

(1) この物体を 12 N の力で押したところ，物体は動かなかった。静止摩擦力を図示せよ。また，このときの静止摩擦力は何 N か。

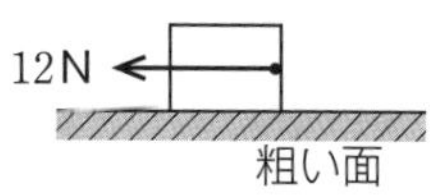


静止摩擦力(ア　　)〔イ　　〕

(2) 物体を押す力を大きくしていったところ，物体は動き出した。最大摩擦力は何 N か。

$\mu=$(ウ　　)

$N=$(エ　　)〔オ　　〕より

$f_0=\mu N$

$=$(カ　　)$\times$(キ　　)N

$=16$ N

**2** 重力の大きさが 20 N の物体が粗い水平面上にある。静止摩擦係数は 0.50 である。次の問いに答えよ。

(1) この物体を 7.0 N の力で押したところ，物体は動かなかった。静止摩擦力を図示せよ。また，このときの静止摩擦力は何 N か。

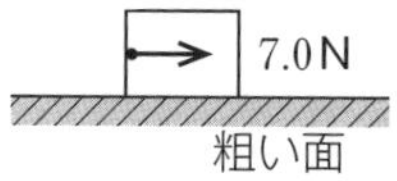


(2) 物体を押す力を大きくしていったところ，物体は動き出した。最大摩擦力は何 N か。

**3** 重力の大きさが 10 N の物体が粗い水平面上にあるとき，最大摩擦力は何 N か。

(1) 静止摩擦係数が 0.50 のとき

(2) 静止摩擦係数が 0.35 のとき



☑ $f_0$〔N〕：最大摩擦力　$\mu$：静止摩擦係数　$f'$〔N〕：動摩擦力　$\mu'$：動摩擦係数

## 例題 2　動摩擦力

重力の大きさが 10 N の物体が粗い水平面上を運動している。動摩擦係数が 0.40 のとき，動摩擦力は何 N か。

**解法**　運動している物体が受ける摩擦力を動摩擦力という。動摩擦力 $f'$〔N〕は，動摩擦係数を $\mu'$，垂直抗力を $N$〔N〕とすると

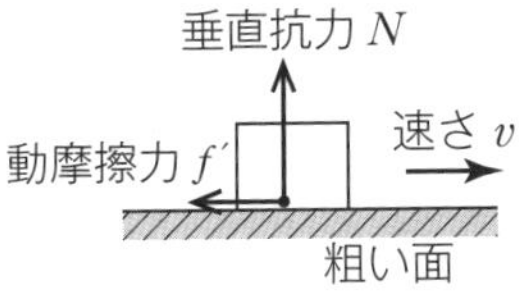


$$f'=\mu' N$$

となる。物体が受ける垂直抗力 $N$ は，物体が受ける重力と等しいので 10 N である。

$N=10$ N，$\mu'=0.40$ を代入して

$f'=\mu' N=0.40\times10$ N$=4.0$ N　　**答 4.0 N**

**4** 重力の大きさが 30 N の物体が粗い水平面上を運動している。(　　)内には数値を，〔　　〕内には単位を入れよ。

(1) 動摩擦係数が 0.50 のとき，動摩擦力は何 N か。

$\mu'=$(ア　　　)，$N=$(イ　　　)〔ウ　　〕より

$f'=\mu' N$

$=$(エ　　　)$\times$(オ　　　)N

$=15$ N

(2) 動摩擦力が 12 N のとき，動摩擦係数はいくらか。

$f'=$(カ　　)〔キ　　〕，$N=$(ク　　)〔ケ　　〕を $f'=\mu' N$ に代入して

(コ　　)N$=\mu'\times$(サ　　)N

$\mu'=0.40$

**5** 重力の大きさが 25 N の物体が粗い水平面上を運動しているとき，次の問いに答えよ。

(1) 動摩擦係数が 0.40 のとき，動摩擦力は何 N か。

(2) 動摩擦力が 7.5 N のとき，動摩擦係数はいくらか。

## 例題 3　圧力

重力の大きさが 2.0 N の直方体の物体をスポンジの上に置く。物体の面 A を下にして置く場合，スポンジが受ける圧力は何 Pa か。

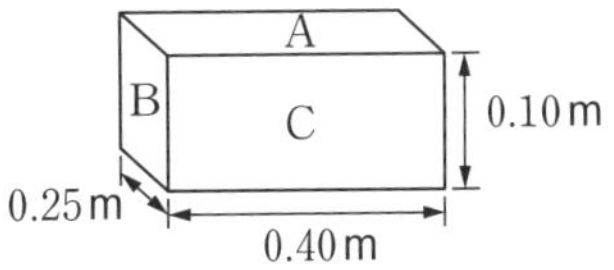


**解法**　1 m$^2$ あたりの面積を垂直に押す力の大きさを圧力といい，面を垂直に押す力を $F$〔N〕，面積を $S$〔m$^2$〕とすると，圧力 $P$〔Pa〕は

$$P=\frac{F}{S}$$

となる。面を押す力 $F$ は重力の大きさと等しいので，$F=2.0$ N，面 A の面積 $S$ は 0.25 m × 0.40 m で表される。

$P=\dfrac{2.0\ \text{N}}{0.25\ \text{m}\times0.40\ \text{m}}=20$ Pa　　**答 20 Pa**

**6** 例題 3 で，面 B を下にして置く場合のスポンジが受ける圧力は何 Pa か。(　　)内には数値を，〔　　〕内には単位を入れよ。

$F=$(ア　　)〔イ　　〕

$S=0.25$ m$\times$(ウ　　　)m より

$P=\dfrac{F}{S}=\dfrac{(\text{エ}\qquad)\text{N}}{0.25\ \text{m}\times(\text{オ}\qquad)\text{m}}=\dfrac{2.0\ \text{N}}{0.025\ \text{m}^2}$

$=80$ Pa

**7** 例題 3 で，面 C を下にして置く場合のスポンジが受ける圧力は何 Pa か。

**8** 例題 3 で，同じ物体を縦に 2 つ重ねるとき，面 A を下にした場合のスポンジが受ける圧力は何 Pa か。

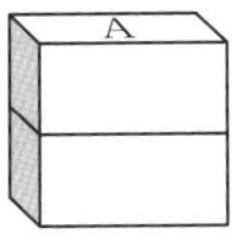

# 14 運動方程式の立て方①

**例題 1** 鉛直方向の運動(静止状態)

図のように，質量 2.0 kg の物体にひもをつけた。重力加速度の大きさを 9.8 m/s$^2$ として，次の問いに答えよ。

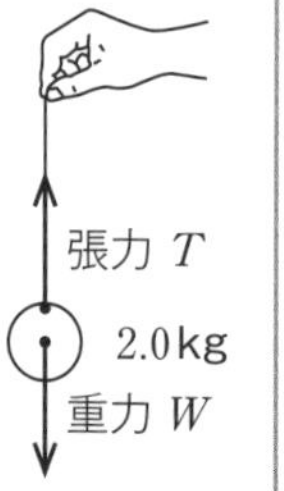


(1) 物体が受ける重力の大きさ $W$ は何 N か。

(2) 物体が静止しているとき，物体が受ける張力の大きさ $T$ は何 N か。

**解法** (1) 重力 $W=mg$ に $m=2.0$ kg，$g=9.8$ m/s$^2$ を代入する。

$W=2.0\ \text{kg}\times 9.8\ \text{m/s}^2=19.6\ \text{N}\fallingdotseq 20\ \text{N}$

答 20 N

(2) 物体が受けている張力 $T$ と重力 $W$ はつりあっている。つりあいの式 $T=W$ より

$T=W=20$ N

答 20 N

**1** 例題 1 で，物体の質量が 0.50 kg のとき，重力加速度の大きさを 9.8 m/s$^2$ として，(　　)内には数値を，〔　　〕内には単位を入れよ。

(1) 物体が受ける重力の大きさ $W$ は何 N か。

$m=$(ア　　)〔イ　　〕

$g=$(ウ　　)〔エ　　〕より

$W=mg$

$=$(オ　　)kg×(カ　　)m/s$^2$

$=4.9$ N

(2) 物体が静止しているとき，物体が受ける張力の大きさ $T$ は何 N か。

$W=$(キ　　)〔ク　　〕より

$T=W=4.9$ N

**2** 例題 1 で，物体の質量が 1.0 kg のとき，重力加速度の大きさを 9.8 m/s$^2$ として，次の問いに答えよ。

(1) 物体が受ける重力の大きさ $W$ は何 N か。

________

(2) 物体が静止しているとき，物体が受ける張力の大きさ $T$ は何 N か。

________

**例題 2** 鉛直方向の運動(等速直線運動)

図のように，質量 2.0 kg の物体にひもをつけた。物体が等速直線運動をしているとき，物体が受ける張力の大きさ $T$ は何 N か。ただし，重力加速度の大きさを 9.8 m/s$^2$ とする。

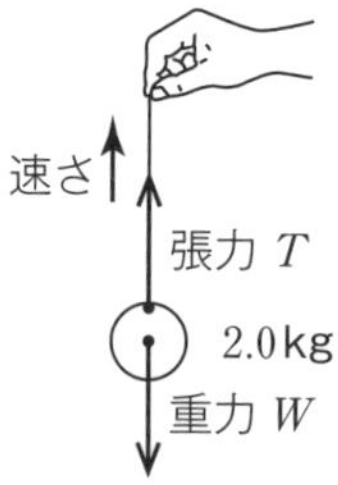


**解法** 物体は等速直線運動をしているので，加速度は 0 m/s$^2$ となる。よって，運動方程式 $ma=F$ より，物体が受ける合力は 0 N である。物体が受けている張力 $T$ と重力 $W$ はつりあっている。例題 1 と同様に $T=W$ より

$T=W=mg$

$=2.0\ \text{kg}\times 9.8\ \text{m/s}^2=19.6\ \text{N}\fallingdotseq 20\ \text{N}$

答 20 N

**3** 例題 2 で，物体の質量が 0.50 kg のとき，物体が受ける張力の大きさ $T$ は何 N か。重力加速度の大きさを 9.8 m/s$^2$ として，(　　)内には数値を，〔　　〕内には単位を入れよ。重力の大きさを $W$ としてつりあいの式に代入する。

$m=$(ア　　)〔イ　　〕

$g=$(ウ　　)〔エ　　〕より

$T=W=mg$

$=$(オ　　)kg×(カ　　)m/s$^2$

$=4.9$ N

**4** 例題 2 で，次の場合について，物体が受ける張力の大きさ $T$ は何 N か。ただし，重力加速度の大きさを 9.8 m/s$^2$ とする。

(1) 物体の質量が 1.0 kg のとき

________

(2) 物体の質量が 3.0 kg のとき

________



張力による運動 ⇒ 静止または等速直線運動をしているとき，重力と張力の大きさは等しい。

## 例題 3 鉛直方向の運動（上向きに加速）

図のように，質量 2.0 kg の物体にひもをつけた。物体に 2.2 m/s$^2$ の加速度が上向きに生じたとき，物体が受ける張力 $T$ の大きさは何 N か。ただし，重力加速度の大きさを 9.8 m/s$^2$ とする。

**解法** 重力の大きさを $W$ とすると，物体に上向きの加速度が生じたことから，物体が受ける合力は上向きとなる。図より，合力の大きさ $F$ は $(T-W)$〔N〕，重力 $W=mg$ を代入すると

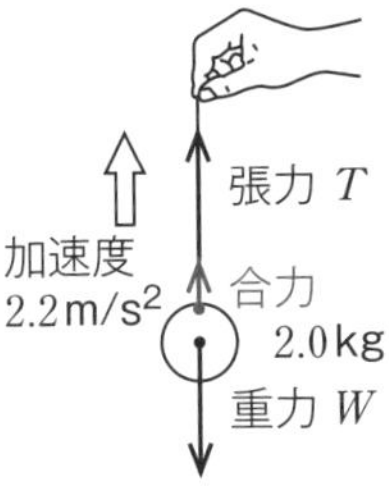


$$F=T-mg$$

となる。物体には，この合力 $F$ によって上向きの加速度 2.2 m/s$^2$ が生じているので，物体の運動方程式は

$$ma=T-mg$$

となる。$m=2.0$ kg，$a=2.2$ m/s$^2$，$g=9.8$ m/s$^2$ を代入して

$$2.0\ \text{kg}\times2.2\ \text{m/s}^2=T-2.0\ \text{kg}\times9.8\ \text{m/s}^2$$

$$T=24\ \text{N}$$

答 **24 N**

**5** 例題 3 で，物体の質量が 1.0 kg のとき，物体が受ける張力の大きさ $T$〔N〕を求めよ。重力加速度の大きさを 9.8 m/s$^2$ として，（　）内には数値を，〔　〕内には単位を入れよ。

$m$＝(ア　　)〔イ　　〕
$a$＝(ウ　　)〔エ　　〕
$g$＝(オ　　)〔カ　　〕を運動方程式
$ma=T-mg$ に代入する。
(キ　　)kg×(ク　　)m/s$^2$
　＝$T-$(ケ　　)kg×(コ　　)m/s$^2$
$T=12$ N

**6** 例題 3 で，物体の質量が 1.0 kg，加速度が上向きに 1.2 m/s$^2$ のとき，物体が受ける張力の大きさ $T$〔N〕を求めよ。ただし，重力加速度の大きさを 9.8 m/s$^2$ とする。

## 例題 4 鉛直方向の運動（下向きに加速）

図のように，質量 2.0 kg の物体にひもをつけた。物体に 1.8 m/s$^2$ の加速度が下向きに生じたとき，物体が受ける張力 $T$ の大きさは何 N か。ただし，重力加速度の大きさを 9.8 m/s$^2$ とする。

**解法** 重力の大きさを $W$ とすると，物体に下向きの加速度が生じたことから，物体が受ける合力は下向きとなる。図より，合力の大きさ $F$ は $(W-T)$〔N〕，重力 $W=mg$ を代入すると

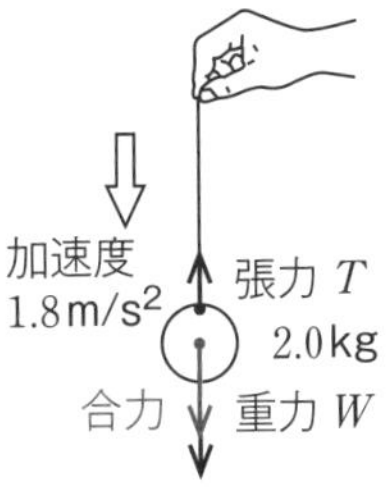


$$F=mg-T$$

となる。物体には，この合力 $F$ によって下向きの加速度 1.8 m/s$^2$ が生じているので，運動方程式は

$$ma=mg-T$$

となる。$m=2.0$ kg，$a=1.8$ m/s$^2$，$g=9.8$ m/s$^2$ を代入して

$$2.0\ \text{kg}\times1.8\ \text{m/s}^2=2.0\ \text{kg}\times9.8\ \text{m/s}^2-T$$

$$T=16\ \text{N}$$

答 **16 N**

**7** 例題 4 で，物体の質量が 1.0 kg のとき，物体が受ける張力の大きさ $T$〔N〕を求めよ。重力加速度の大きさを 9.8 m/s$^2$ として，（　）内には数値を，〔　〕内には単位を入れよ。

$m$＝(ア　　)〔イ　　〕
$a$＝(ウ　　)〔エ　　〕
$g$＝(オ　　)〔カ　　〕を運動方程式
$ma=mg-T$ に代入する。
(キ　　)kg×(ク　　)m/s$^2$
　＝(ケ　　)kg×(コ　　)m/s$^2-T$
$T=8.0$ N

**8** 例題 4 で，物体の質量が 1.0 kg，加速度が下向きに 2.8 m/s$^2$ のとき，物体が受ける張力の大きさ $T$〔N〕を求めよ。ただし，重力加速度の大きさを 9.8 m/s$^2$ とする。

張力による運動 ⇒ 加速度運動をしているとき，重力と張力の大きさは異なる。

# 15 運動方程式の立て方②

**例題 1** なめらかな水平面上の運動

図のように，質量 1.0 kg の物体が 8.0 N と 5.0 N の力を受けている。次の問いに答えよ。

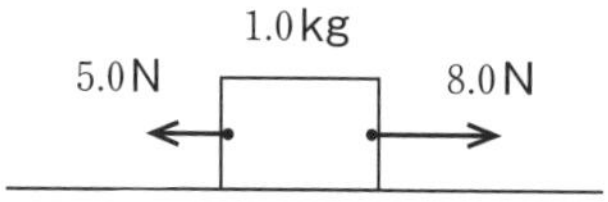


(1) 物体が受ける合力の大きさと向きを求めよ。

(2) 物体に生じる加速度の大きさは何 $m/s^2$ か。また，加速度の向きも答えよ。

**解法** (1) 物体が受ける合力 $F$〔N〕は

$8.0\ N - 5.0\ N = 3.0\ N$

**答 3.0 N　右向き**

(2) 運動方程式 $ma=F$ に，(1)の合力を代入する。
$m=1.0\ kg$，$F=3.0\ N$ より，加速度の大きさ $a$〔$m/s^2$〕は

$1.0\ kg \times a = 3.0\ N$

$a = 3.0\ m/s^2$

加速度の向きは合力の向きとなる。

**答 $3.0\ m/s^2$　右向き**

**1** 図のように，質量 2.0 kg の物体が 9.0 N と 4.0 N の力を受けている。(　　)内には数値を，〔　　〕内には単位を，□には向きを入れよ。

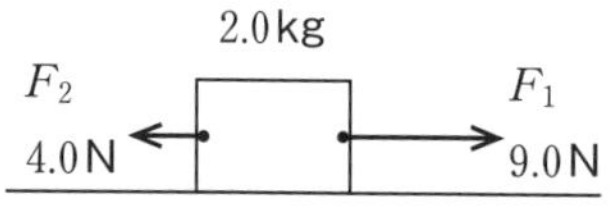


(1) 物体が受ける合力の大きさ $F$〔N〕と向きを求めよ。

$F_1$＝(ア　　)〔イ　　〕

$F_2$＝(ウ　　)〔エ　　〕より

$F=F_1-F_2$＝(オ　　)N－(カ　　)N

＝5.0 N　［キ　　］向き

(2) 物体に生じる加速度の大きさは何 $m/s^2$ か。また，加速度の向きも答えよ。

$m$＝(ク　　)〔ケ　　〕

$F$＝(コ　　)〔サ　　〕を

$ma=F$ に代入して

(シ　　)kg×$a$＝(ス　　)N

$a=2.5\ m/s^2$　［セ　　］向き

**2** 図のように，質量 3.0 kg の物体が 3.0 N と 6.0 N の力を受けている。(　　)内には数値を，〔　　〕内には単位を，□には向きを入れよ。

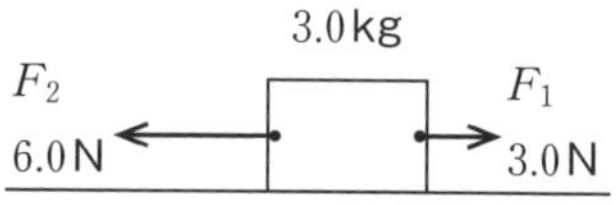


(1) 物体が受ける合力の大きさ $F$〔N〕と向きを求めよ。

$F_1$＝(ア　　)〔イ　　〕

$F_2$＝(ウ　　)〔エ　　〕より

$F=F_2-F_1$

＝(オ　　)N－(カ　　)N

＝3.0 N　［キ　　］向き

(2) 物体に生じる加速度の大きさは何 $m/s^2$ か。また，加速度の向きも答えよ。

$m$＝(ク　　)〔ケ　　〕

$F$＝(コ　　)〔サ　　〕を

$ma=F$ に代入して

(シ　　)kg×$a$＝(ス　　)N

$a=1.0\ m/s^2$　［セ　　］向き

**3** 図のように，物体が 2 つの力を受けているとき，物体に生じる加速度の大きさは何 $m/s^2$ か。また，加速度の向きも答えよ。

(1)

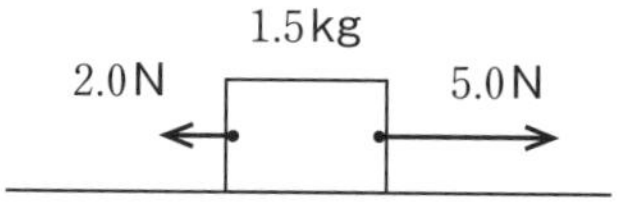


(2)

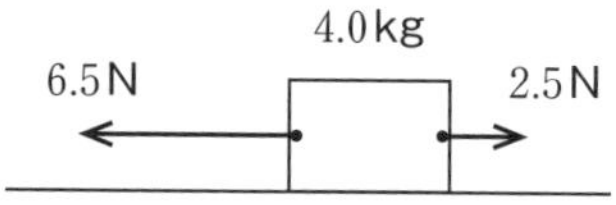




物体が 2 つの力を受けているときは，2 力の合力を運動方程式に代入する。

### 例題 2 粗い水平面上の運動①

物体が粗い水平面上を運動している。動摩擦係数が 0.40 のとき，物体に生じる加速度の大きさは何 $\mathrm{m/s^2}$ か。ただし，重力加速度の大きさを $9.8\ \mathrm{m/s^2}$ とする。

**解法** 物体が受ける動摩擦力 $f'$〔N〕により，加速度が生じる。

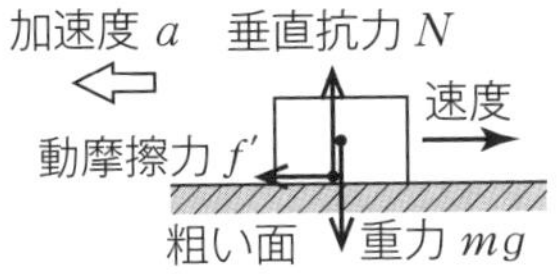


動摩擦係数を $\mu'$，物体が受ける垂直抗力を $N$〔N〕とすると，動摩擦力 $f'$ は

$$f'=\mu' N$$

となる。また，垂直抗力 $N$ は重力とつりあっているので，質量を $m$〔kg〕，重力加速度を $g$〔$\mathrm{m/s^2}$〕とすると，重力は $mg$ となる。よって，動摩擦力 $f'$ は

$$f'=\mu' mg$$

となる。運動方程式を立てると

$$ma=\mu' mg$$

となり，加速度 $a$ は

$$a=\mu' g$$

となる。$\mu'=0.40$，$g=9.8\ \mathrm{m/s^2}$ を代入して

$$a=0.40\times 9.8\ \mathrm{m/s^2}=3.92\ \mathrm{m/s^2}\fallingdotseq 3.9\ \mathrm{m/s^2}$$

答 $3.9\ \mathrm{m/s^2}$

**4** 例題 2 で，動摩擦係数が 0.20 のとき，物体の加速度の大きさは何 $\mathrm{m/s^2}$ になるか。物体の質量を $m$〔kg〕，重力加速度の大きさを 9.8 $\mathrm{m/s^2}$ とし，（　）内には数値を，〔　〕内には単位を入れよ。

$\mu'=$（ア　　）

$g=$（イ　　）〔ウ　　〕を運動方程式

$ma=\mu' mg$ に代入して

$ma=$（エ　　）$\times m\times$（オ　　）$\mathrm{m/s^2}$

$a=1.96\ \mathrm{m/s^2}\fallingdotseq 2.0\ \mathrm{m/s^2}$

**5** 例題 2 で，動摩擦係数が 0.50 のとき，物体の加速度の大きさは何 $\mathrm{m/s^2}$ になるか。ただし，重力加速度の大きさを $9.8\ \mathrm{m/s^2}$ とする。

### 例題 3 粗い水平面上の運動②

質量 5.0 kg の物体を粗い水平面上に置き，45.0 N の力で引いた。動摩擦係数を 0.50 とするとき，物体に生じる加速度の大きさは何 $\mathrm{m/s^2}$ か。ただし，重力加速度の大きさを $9.8\ \mathrm{m/s^2}$ とする。

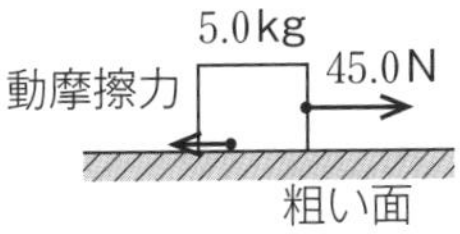


**解法** 動摩擦力 $f'$〔N〕と引く力 $F$〔N〕の合力により，物体には引く力の向きに加速度が生じる。

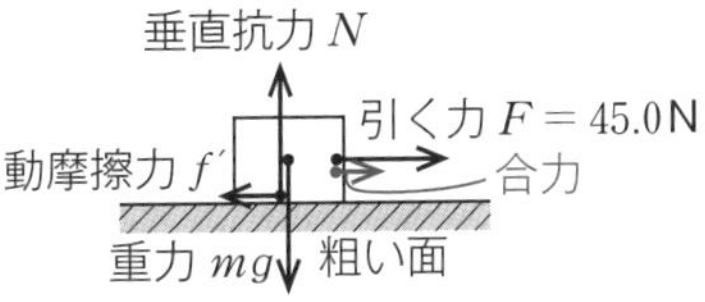


物体が受ける動摩擦力 $f'$ は，動摩擦係数を $\mu'$，垂直抗力を $N$〔N〕とすると

$$f'=\mu' N$$

物体の質量を $m$〔kg〕とすると，$N$ は重力 $mg$〔N〕とつりあうので

$$f'=\mu' mg$$

よって，物体が受ける合力は

$$F-f'=F-\mu' mg$$

この合力によって物体に加速度が生じるので，加速度を $a$〔$\mathrm{m/s^2}$〕として運動方程式を立てると

$$ma=F-\mu' mg$$

となる。$m=5.0\ \mathrm{kg}$，$F=45.0\ \mathrm{N}$，$\mu'=0.50$，$g=9.8\ \mathrm{m/s^2}$ を代入して

$$5.0\ \mathrm{kg}\times a=45.0\ \mathrm{N}-0.50\times 5.0\ \mathrm{kg}\times 9.8\ \mathrm{m/s^2}$$

$$a=4.1\ \mathrm{m/s^2}$$

答 $4.1\ \mathrm{m/s^2}$

**6** 例題 3 で，引く力が 10.8 N，動摩擦係数が 0.20 のとき，物体に生じる加速度の大きさは何 $\mathrm{m/s^2}$ になるか。重力加速度の大きさを 9.8 $\mathrm{m/s^2}$ とし，（　）内には数値を，〔　〕内には単位を入れよ。

$m=$（ア　　）〔イ　　〕

$F=$（ウ　　）〔エ　　〕

$\mu'=$（オ　　）

$g=$（カ　　）〔キ　　〕を運動方程式

$ma=F-\mu' mg$ に代入して

（ク　　）kg $\times a$

$=$（ケ　　）N

$-$（コ　　）$\times$（サ　　）kg $\times$（シ　　）$\mathrm{m/s^2}$

$a=0.20\ \mathrm{m/s^2}$

! 粗い面上を運動する物体の運動方程式は，動摩擦力も考慮して立てる。

# 16 2つの物体の運動方程式①

**例題 1 接触する2つの物体の運動**

図のように，質量 10 kg の物体Aと質量 20 kg の物体Bが，なめらかな水平面上に接して置いてある。人が 15 N の力で物体Aを押すとき，次の問いに答えよ。

(1) 物体に生じる加速度を $a$〔m/s$^2$〕，物体AがBを押す力を $f$〔N〕として，物体Aについて，運動方程式を立てよ。

(2) 物体Bについて，運動方程式を立てよ。

(3) 物体に生じる加速度は何 m/s$^2$ か。

(4) 物体Aが物体Bを押す力は何Nか。

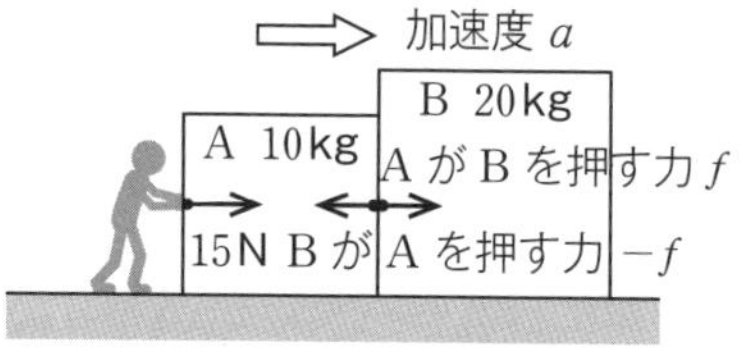


**解法** 人が物体Aを押すと，物体AとBには同じ加速度 $a$〔m/s$^2$〕が生じる。物体AとBが受ける力は図のようになり，右向きを正とするとき物体が受ける力は

A：人が押す力 15 N，BがAを押す力 $-f$

B：AがBを押す力 $f$

となる。

(1) 物体Aは，15 N$-f$ の合力によって加速度が生じるので，$m=10$ kg を代入して運動方程式を立てる。

**答 10 kg×$a$=15 N$-f$**

(2) 物体Bは，物体AがBを押す力 $f$ によって加速度が生じる。$m=20$ kg を代入して運動方程式を立てる。

**答 20 kg×$a$=$f$**

(3) 物体A，Bの運動方程式で加速度 $a$ と力 $f$ は共通であるので，2つの式を連立して，$a$ を求める。

(2)の式を(1)の式に代入して

10 kg×$a$=15 N−20 kg×$a$

30 kg×$a$=15 N　よって　$a$=0.50 m/s$^2$

**答 0.50 m/s$^2$**

(4) (3)で求めた加速度 $a$=0.50 m/s$^2$ を(2)の運動方程式に代入する。

20 kg×0.50 m/s$^2$=$f$

$f$=10 N

**答 10 N**

---

**1** 例題1で，人が 45 N の力で押すとき，次の問いの(　　)内には数値を，〔　　〕内には単位を入れよ。

(1) 物体に生じる加速度を $a$〔m/s$^2$〕，物体AがBを押す力を $f$〔N〕として，物体Aについて，運動方程式を立てよ。

$m$=(ア　　)〔イ　　〕より

(ウ　　)kg×$a$=(エ　　)N$-f$

(2) 物体Bについて，運動方程式を立てよ。

$m$=(オ　　)〔カ　　〕より

(キ　　)kg×$a$=$f$

(3) 物体に生じる加速度は何 m/s$^2$ か。

(2)の式を(1)の式に代入して

10 kg×$a$=(ク　　)N−(ケ　　)kg×$a$

整理して

(コ　　)kg×$a$=(サ　　)N　よって

$a$=1.5 m/s$^2$

(4) 物体Aが物体Bを押す力は何Nか。

(3)で求めた加速度 $a$=1.5 m/s$^2$ を(2)の運動方程式に代入する。

(シ　　)kg×(ス　　)m/s$^2$=$f$

$f$=30 N

**2** 例題1で，人が 30 N の力で押すとき，物体AとBについて，それぞれ運動方程式を立てよ。

A：

B：

**3** **2**で，物体に生じる加速度 $a$ は何 m/s$^2$ か。また，AがBを押す力 $f$ は何Nか。

加速度：

AがBを押す力：



！ 2つの物体がいっしょに動く運動 ⇒ 2つの物体について，それぞれ運動方程式を立てる。

**例題 2　糸でつながれた2つの物体の運動**

図のように，質量 2.0 kg の力学台車 A と質量 1.0 kg の力学台車 B を軽い糸で結び，台車 B を 6.0 N の力で引いた。次の問いに答えよ。

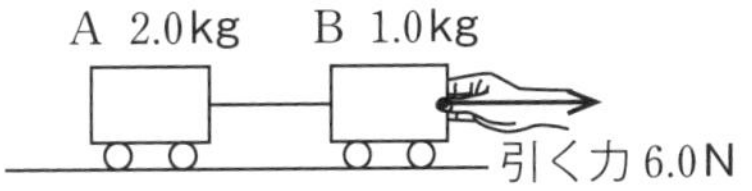


(1) 力学台車 A，B に生じる加速度を $a$〔m/s$^2$〕，糸の張力の大きさを $T$〔N〕として，力学台車 A について，運動方程式を立てよ。

(2) 力学台車 B について，運動方程式を立てよ。

(3) 加速度 $a$ は何 m/s$^2$ か。

(4) 糸の張力 $T$ の大きさは何 N か。

---

**解法**　力学台車 B を引くと，台車 A と B が受ける力は下図のようになり，台車 A と B には同じ加速度 $a$〔m/s$^2$〕が生じる。また，台車 A と台車 B を結ぶ糸の張力の大きさは等しい。

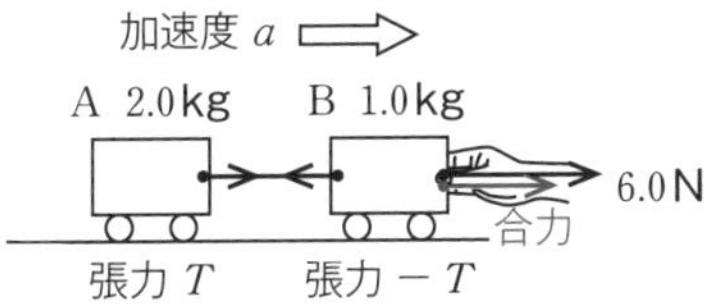


右向きを正とするとき，台車 A，B が受ける力は

A：糸の張力 $T$

B：引く力 6.0 N，糸の張力 $-T$

となる。

(1) 台車 A は，張力 $T$ によって加速度が生じるので，$m=2.0$ kg を代入して運動方程式を立てる。

**答 2.0 kg × $a$ = $T$**

(2) 台車 B は，B を引く力 6.0 N と糸の張力 $-T$ の合力 6.0 N − $T$ により加速度が生じる。$m=1.0$ kg を代入して運動方程式を立てる。

**答 1.0 kg × $a$ = 6.0 N − $T$**

(3) 台車 A，B の運動方程式で加速度 $a$ と張力 $T$ は共通であるので，2つの式を連立して，$a$ を求める。

(1)の式を(2)の式に代入して

1.0 kg × $a$ = 6.0 N − 2.0 kg × $a$

3.0 kg × $a$ = 6.0 N

よって　$a$ = 2.0 m/s$^2$

**答 2.0 m/s$^2$**

(4) (3)で求めた加速度 $a$ = 2.0 m/s$^2$ を(1)の運動方程式に代入して，張力 $T$ を求める。

2.0 kg × 2.0 m/s$^2$ = $T$

$T$ = 4.0 N

**答 4.0 N**

**4** 例題2で，人が 15 N の力で引くとき，次の問いの(　　)内には数値を，〔　　〕内には単位を入れよ。

(1) 台車に生じる加速度を $a$〔m/s$^2$〕，糸の張力の大きさを $T$〔N〕として，台車 A について，運動方程式を立てよ。

$m$ = (ア　　)〔イ　　〕より

(ウ　　) kg × $a$ = $T$

(2) 台車 B について，運動方程式を立てよ。

$m$ = (エ　　)〔オ　　〕より

(カ　　) kg × $a$ = (キ　　) N − $T$

(3) 台車に生じる加速度 $a$ は何 m/s$^2$ か。

(1)の式を(2)の式に代入して

1.0 kg × $a$ = (ク　　) N − (ケ　　) kg × $a$

整理して

(コ　　) kg × $a$ = (サ　　) N

よって

$a$ = 5.0 m/s$^2$

(4) 糸の張力 $T$ の大きさは何 N か。

(3)で求めた加速度 $a$ = 5.0 m/s$^2$ を(1)の運動方程式に代入する。

(シ　　) kg × (ス　　) m/s$^2$ = $T$

$T$ = 10 N

**5** 例題2で，人が 30 N の力で引くとき，台車 A と B について，それぞれ運動方程式を立てよ。

A：

B：

**6** **5**で，台車に生じる加速度 $a$ は何 m/s$^2$ か。また，糸の張力 $T$ は何 N か。

加速度：

張力の大きさ：

糸で結ばれた物体の運動　⇒　糸の両端による張力の大きさは等しい。

# 17 2つの物体の運動方程式②

**例題 1** 糸でつながれた2つの物体の運動

質量2.0 kgの台車Aと質量5.0 kgのおもりBを軽い糸で結び，図のように定滑車を通して静かにはなした。重力加速度の大きさを9.8 $\mathrm{m/s^2}$として，次の問いに答えよ。

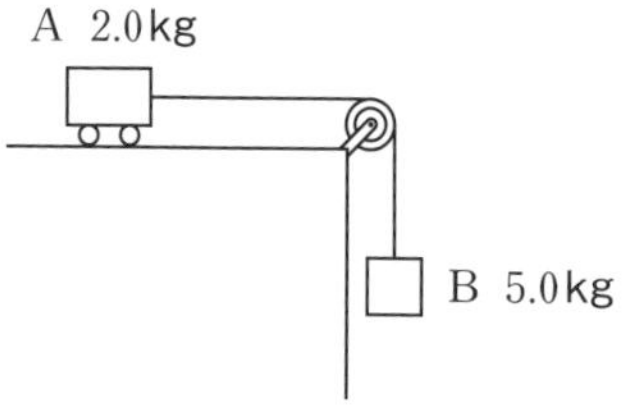


(1) 共通の加速度の大きさを$a$〔$\mathrm{m/s^2}$〕，台車とおもりを結ぶ糸の張力の大きさを$T$〔N〕として，台車Aについて運動方程式を立てよ。
(2) おもりBについて運動方程式を立てよ。
(3) 生じる加速度$a$の大きさは何$\mathrm{m/s^2}$か。
(4) 糸の張力$T$の大きさは何Nか。

**解法** 台車AとおもりBが受ける力は下図のようになり，糸の両端による張力の大きさは等しく，AとBが受ける張力は$T$となる。

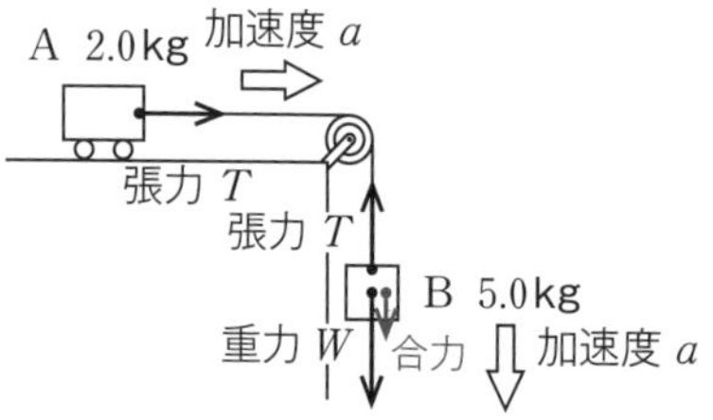


台車Aは，張力$T$(右向き)により，右向きに加速度$a$〔$\mathrm{m/s^2}$〕が生じる。おもりBは，重力$W$〔N〕(下向き)と張力$T$(上向き)の合力$W-T$により，加速度$a$〔$\mathrm{m/s^2}$〕が下向きに生じる。

(1) 台車Aは，張力$T$によって加速度が生じるので，$m=2.0$ kgを代入して運動方程式を立てる。

**答** $\boldsymbol{2.0\ \mathrm{kg}\times a=T}$

(2) おもりBは，重力$W$と張力$T$の合力により加速度が生じる。重力$W$は，質量を$m$〔kg〕，重力加速度を$g$〔$\mathrm{m/s^2}$〕とすると，

$W=mg$

であることから，合力は$mg-T$となる。質量$m=5.0$ kg，重力加速度$g=9.8\ \mathrm{m/s^2}$を代入して運動方程式を立てる。

$5.0\ \mathrm{kg}\times a=5.0\ \mathrm{kg}\times 9.8\ \mathrm{m/s^2}-T$

**答** $\boldsymbol{5.0\ \mathrm{kg}\times a=49\ \mathrm{N}-T}$

(3) A，Bの運動方程式で，加速度$a$と張力$T$は共通であるので，2つの式を連立して，$a$を求める。

(1)の式を(2)の式に代入して

$5.0\ \mathrm{kg}\times a=49\ \mathrm{N}-2.0\ \mathrm{kg}\times a$

$7.0\ \mathrm{kg}\times a=49\ \mathrm{N}$

よって　$a=7.0\ \mathrm{m/s^2}$

**答** $\boldsymbol{7.0\ \mathrm{m/s^2}}$

(4) (3)で求めた加速度$a=7.0\ \mathrm{m/s^2}$を(1)の運動方程式に代入して，張力$T$を求める。

$2.0\ \mathrm{kg}\times 7.0\ \mathrm{m/s^2}=T$

$T=14\ \mathrm{N}$

**答** **14 N**

**1** 例題1で，台車Aの質量が3.0 kg，おもりBの質量が1.0 kgのとき，次の問いの(　　)内には数値を，〔　　〕内には単位を入れよ。

(1) 共通の加速度の大きさを$a$〔$\mathrm{m/s^2}$〕，台車AとおもりBを結ぶ糸の張力の大きさを$T$〔N〕として，台車Aについて，運動方程式を立てよ。

$m=$(ア　　)〔イ　　〕より

(ウ　　) kg × $a=T$

(2) おもりBについて，運動方程式を立てよ。

$m=$(エ　　)〔オ　　〕

$g=$(カ　　)〔キ　　〕より

(ク　　) kg × $a$

= (ケ　　) kg × (コ　　) $\mathrm{m/s^2}-T$

(サ　　) kg × $a=$ (シ　　) N $-T$

(3) 生じる加速度$a$の大きさは何$\mathrm{m/s^2}$か。

(1)の式を(2)の式に代入して

1.0 kg × $a=$ (ス　　) N − (セ　　) kg × $a$

(ソ　　) kg × $a=$ (タ　　) N　よって

$a=2.45\ \mathrm{m/s^2}\fallingdotseq 2.5\ \mathrm{m/s^2}$

(4) 糸の張力$T$の大きさは何Nか。

(3)で求めた加速度$a=2.45\ \mathrm{m/s^2}$を(1)の運動方程式に代入する。

(チ　　) kg × (ツ　　) $\mathrm{m/s^2}=T$

$T=7.35\ \mathrm{N}\fallingdotseq 7.4\ \mathrm{N}$


おもりは，重力と糸の張力との合力により加速度が生じる。

## 例題 2 滑車につるした物体の運動

図のように，質量 3.0 kg のおもりAと質量 1.0 kg のおもりBを軽い糸で結んで定滑車に通し，静かに手をはなした。重力加速度の大きさを $9.8\ \mathrm{m/s^2}$ として，次の問いに答えよ。

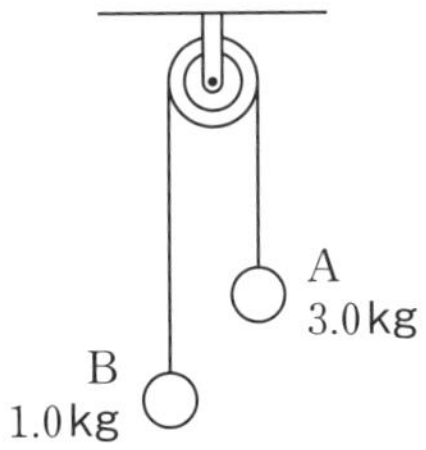


(1) おもりA，Bに生じる加速度の大きさを $a$〔$\mathrm{m/s^2}$〕，糸の張力の大きさを $T$〔N〕として，おもりAについて，運動方程式を立てよ。

(2) おもりBについて，運動方程式を立てよ。

(3) 加速度 $a$ の大きさは何 $\mathrm{m/s^2}$ か。

(4) 糸の張力 $T$ の大きさは何Nか。

**解法** おもりAとBは，それぞれ重力と張力を受け，それらの合力により加速度 $a$〔$\mathrm{m/s^2}$〕が生じる。

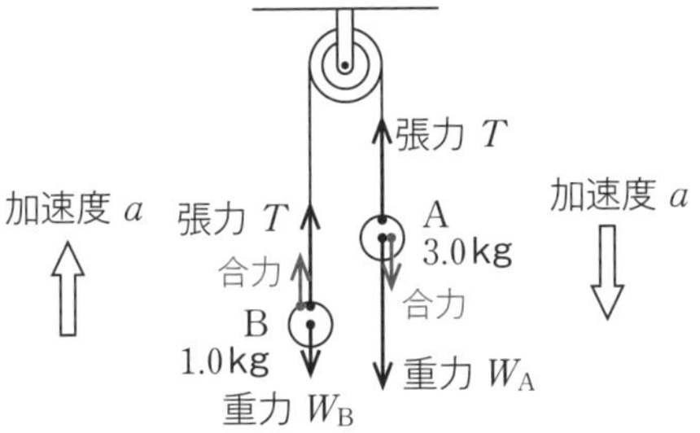


おもりAとBには同じ加速度 $a$〔$\mathrm{m/s^2}$〕が生じる。おもりAとBを結ぶ糸の張力の大きさは等しい。

(1) おもりAは，重力 $W_A$(下向き)と張力 $T$(上向き)の合力 $W_A-T$ によって加速度が下向きに生じる。重力 $W$ は，質量を $m$〔kg〕，重力加速度を $g$〔$\mathrm{m/s^2}$〕とすると，

$$W=mg$$

であることから，Aの合力は $mg-T$ となる。質量 $m=3.0\ \mathrm{kg}$，重力加速度 $g=9.8\ \mathrm{m/s^2}$ を代入して運動方程式を立てる。

$$3.0\ \mathrm{kg}\times a=3.0\ \mathrm{kg}\times 9.8\ \mathrm{m/s^2}-T$$

**答 $3.0\ \mathrm{kg}\times a=29.4\ \mathrm{N}-T$**

(2) おもりBは，重力 $W_B$(下向き)と張力 $T$(上向き)の合力 $T-W_B$ によって加速度が上向きに生じる。重力の式 $W=mg$ より，合力は $T-mg$ となるので，質量 $m=1.0\ \mathrm{kg}$，重力加速度 $g=9.8\ \mathrm{m/s^2}$ を代入して運動方程式を立てる。

$$1.0\ \mathrm{kg}\times a=T-1.0\ \mathrm{kg}\times 9.8\ \mathrm{m/s^2}$$

**答 $1.0\ \mathrm{kg}\times a=T-9.8\ \mathrm{N}$**

(3) おもりA，Bの運動方程式において，加速度 $a$ の大きさと張力 $T$ の大きさは共通であるので，2つの式を連立して，$a$ を求める。

(1)の式と(2)の式を連立して $T$ を消去する。

$$3.0\ \mathrm{kg}\times a=29.4\ \mathrm{N}-T$$
$$+)\ 1.0\ \mathrm{kg}\times a=T-9.8\ \mathrm{N}$$
$$4.0\ \mathrm{kg}\times a=19.6\ \mathrm{N}$$
$$a=4.9\ \mathrm{m/s^2}$$

**答 $4.9\ \mathrm{m/s^2}$**

(4) (3)で求めた加速度 $a=4.9\ \mathrm{m/s^2}$ を(2)の運動方程式に代入して，張力 $T$ を求める。

$$1.0\ \mathrm{kg}\times 4.9\ \mathrm{m/s^2}=T-9.8\ \mathrm{N}$$
$$T=4.9\ \mathrm{N}+9.8\ \mathrm{N}=14.7\ \mathrm{N}$$

**答 14.7 N**

**2** 例題2で，おもりAの質量が 5.0 kg，おもりBの質量が 2.0 kg のとき，次の問いの(　　)内には数値を，〔　　〕内には単位を入れよ。

(1) おもりA，Bに生じる加速度の大きさを $a$〔$\mathrm{m/s^2}$〕，糸の張力の大きさを $T$〔N〕として，おもりAについて，運動方程式を立てよ。

$m=$(ア　　)〔イ　　〕

$g=$(ウ　　)〔エ　　〕より

(オ　　)kg×$a$

＝(カ　　)kg×(キ　　)$\mathrm{m/s^2}-T$

(ク　　)kg×$a$＝(ケ　　)N－$T$

(2) おもりBについて，運動方程式を立てよ。

$m=$(コ　　)〔サ　　〕

$g=$(シ　　)〔ス　　〕より

(セ　　)kg×$a$

＝$T-$(ソ　　)kg×(タ　　)$\mathrm{m/s^2}$

(チ　　)kg×$a$＝$T-$(ツ　　)N

(3) 加速度 $a$ の大きさは何 $\mathrm{m/s^2}$ か。

(1)の式と(2)の式を連立して $T$ を消去する。

(テ　　)kg×$a$＝(ト　　)N－$T$

＋)(ナ　　)kg×$a$＝$T-$(ニ　　)N

(ヌ　　)kg×$a$＝(ネ　　)N

$$a=4.2\ \mathrm{m/s^2}$$

(4) 糸の張力 $T$ の大きさは何Nか。

(3)で求めた加速度 $a=4.2\ \mathrm{m/s^2}$ を(1)の運動方程式に代入する。

(ノ　　)kg×(ハ　　)$\mathrm{m/s^2}$＝(ヒ　　)N－$T$

(フ　　)N＝(ヘ　　)N－$T$

$$T=28\ \mathrm{N}$$

滑車につるした物体の運動 ⇒ 重力と張力の大きさを比較し，合力の向きを考えて運動方程式を立てる。

# 18 三角比・斜面上にある物体が受ける重力の分解

※以下の問題では，$\sqrt{2}=1.4$，$\sqrt{3}=1.7$ として計算せよ。

## 例題 1 三角比

次の三角形について，$\sin 60^\circ$ と $\cos 60^\circ$ を求めよ。

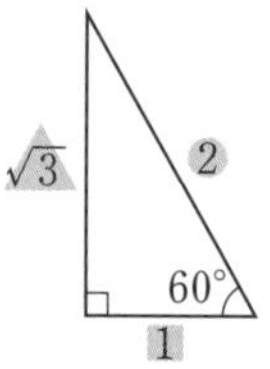


**解法** 対象の角を左下，直角を右下にする。

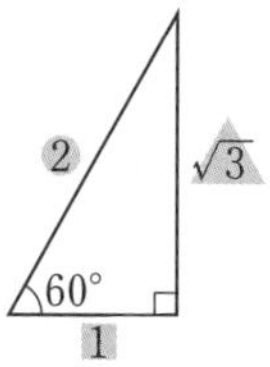


答 $\sin 60^\circ = \dfrac{\sqrt{3}}{2}$

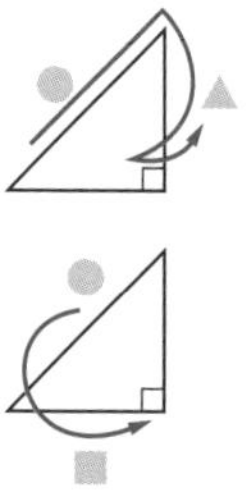

答 $\cos 60^\circ = \dfrac{1}{2}$

## 例題 2 三角比の利用

次の三角形について，$x$ と $y$ の長さを求めよ。

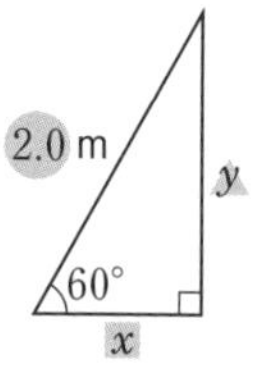


**解法** $\sin 60^\circ = \dfrac{y}{2.0\ \mathrm{m}}$ より

$y = 2.0\ \mathrm{m} \times \sin 60^\circ$

$= 2.0\ \mathrm{m} \times \dfrac{\sqrt{3}}{2} = 1.7\ \mathrm{m}$

$\cos 60^\circ = \dfrac{x}{2.0\ \mathrm{m}}$ より

$x = 2.0\ \mathrm{m} \times \cos 60^\circ$

$= 2.0\ \mathrm{m} \times \dfrac{1}{2} = 1.0\ \mathrm{m}$

答 $x = 1.7\ \mathrm{m}$，$y = 1.0\ \mathrm{m}$

**1** 次の三角形について，三角比を求めよ。

(1)

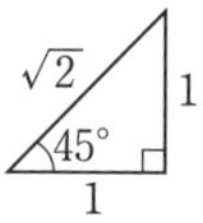


$\sin 45^\circ = \dfrac{1}{(\text{ア}\qquad)}$

$\cos 45^\circ = \dfrac{1}{(\text{イ}\qquad)}$

(2)

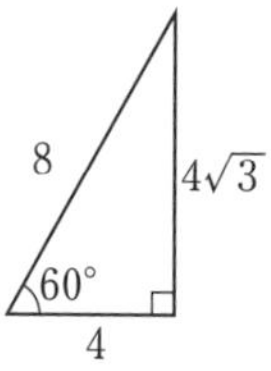


$\sin 60^\circ = \dfrac{(\text{ウ}\qquad)}{8}$

$= \dfrac{\sqrt{3}}{2}$

$\cos 60^\circ = \dfrac{(\text{エ}\quad)}{8} = \dfrac{1}{2}$

(3)

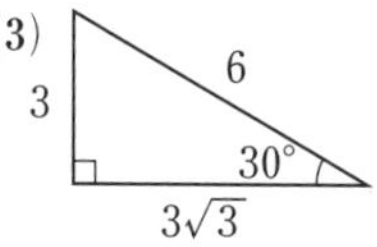


$\sin 30^\circ =$

$\cos 30^\circ =$

(4)

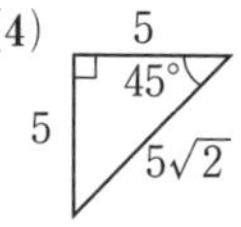


$\sin 45^\circ =$

$\cos 45^\circ =$

(5)

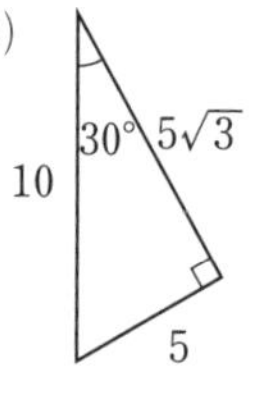


$\sin 30^\circ =$

$\cos 30^\circ =$

**2** 次の三角形について，$x$ の長さを求めよ。

(1)

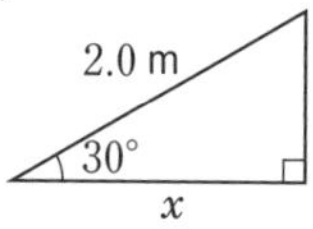


$x = 2.0\ \mathrm{m} \times (\text{ア}\qquad)$

$= 2.0\ \mathrm{m} \times \left(\text{イ}\qquad\right) = 1.7\ \mathrm{m}$

(2)

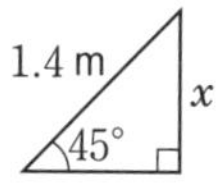


$x = 1.4\ \mathrm{m} \times (\text{ウ}\qquad)$

$= 1.4\ \mathrm{m} \times \dfrac{(\text{エ}\qquad)}{2}$

$= 0.98\ \mathrm{m}$

(3)

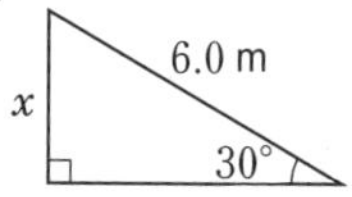


$x =$

(4)

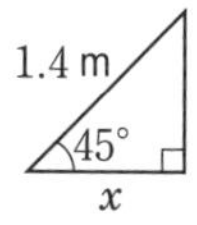


$x =$

(5)

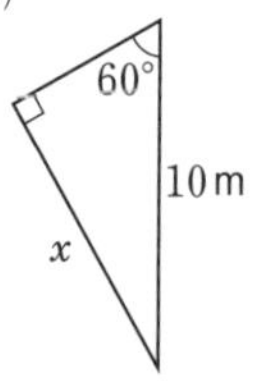


$x =$



辺の長さを表すとき，三角比を用いると便利である。

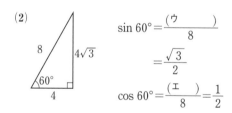

## 例題 3 分力

右図について，次の問いに答えよ。

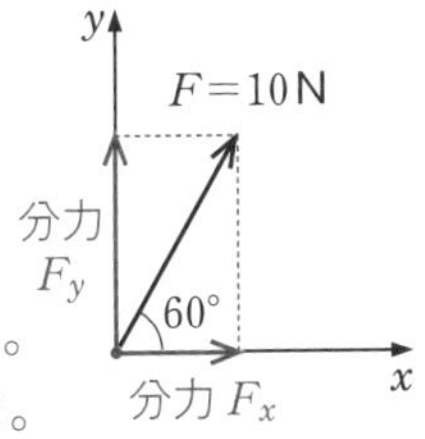


(1) 力 $F$ の分力 $F_x$，$F_y$ を図示せよ。

(2) $F_x$ の大きさを求めよ。

(3) $F_y$ の大きさを求めよ。

**解法** (1) **答** **図の矢印**

(2) $F=10\,\text{N}$，$\cos 60°=\frac{1}{2}$ より

$F_x=F\cos 60°=10\,\text{N}\times\frac{1}{2}=5.0\,\text{N}$ **答** **5.0 N**

(3) $F=10\,\text{N}$，$\sin 60°=\frac{\sqrt{3}}{2}$ より

$F_y=F\sin 60°=10\,\text{N}\times\frac{\sqrt{3}}{2}=8.5\,\text{N}$ **答** **8.5 N**

**3** 次の問いに答えよ。ただし，(　)内には数値を，〔　〕内には単位を入れよ。

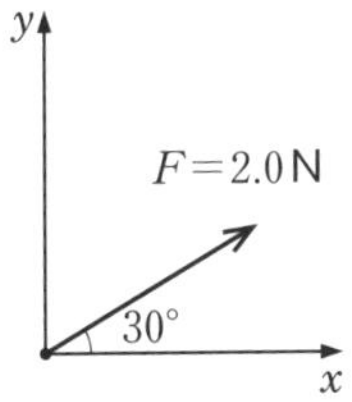


(1) 分力 $F_x$, $F_y$ を図示せよ。

(2) 分力 $F_x$ の大きさを求めよ。

$F=$ (ア　)〔イ　〕, $\cos 30°=$ (ウ　) より

$F_x=F\cos 30°=$ (エ　) N × (オ　) $=1.7\,\text{N}$

(3) 分力 $F_y$ の大きさを求めよ。

$F=$ (カ　)〔キ　〕, $\sin 30°=$ (ク　) より

$F_y=F\sin 30°=$ (ケ　) N × (コ　) $=1.0\,\text{N}$

**4** 次の問いに答えよ。

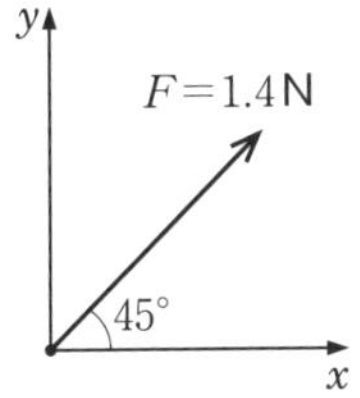


(1) 分力 $F_x$, $F_y$ を図示せよ。

(2) 分力 $F_x$ の大きさを求めよ。

(3) 分力 $F_y$ の大きさを求めよ。

## 例題 4 重力の分力

斜面上にある物体が受ける重力 $W$ について，次の問いに答えよ。

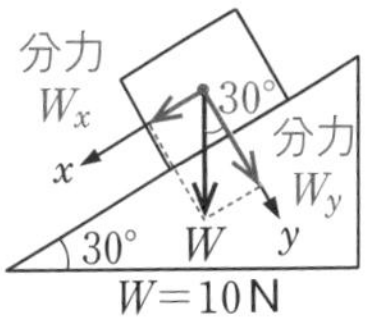


(1) 斜面方向の分力 $W_x$，斜面垂直方向の分力 $W_y$ を図示せよ。

(2) 分力 $W_x$ は何 N か。

(3) 分力 $W_y$ は何 N か。

**解法** (1) 斜面上にある物体が受ける重力は，図のように $x$ 軸と $y$ 軸をとり，重力が長方形の対角線になるように長方形をかき，$x$ 方向と $y$ 方向に分解する。 **答** **図の矢印**

(2) 重力の大きさを $W$〔N〕とすると，図より，$W_x=W\sin\theta$ となるので

$W=10\,\text{N}$，$\sin 30°=\frac{1}{2}$ より

$W_x=10\,\text{N}\times\frac{1}{2}=5.0\,\text{N}$

**答** **5.0 N**

(3) 図より，$W_y=W\cos\theta$ となるので

$W=10\,\text{N}$，$\cos 30°=\frac{\sqrt{3}}{2}$ より

$W_y=10\,\text{N}\times\frac{\sqrt{3}}{2}=8.5\,\text{N}$

**答** **8.5 N**

**5** 斜面上にある物体が受ける重力 $W$ について，次の問いに答えよ。ただし，(　)内には数値を，〔　〕内には単位を入れよ。

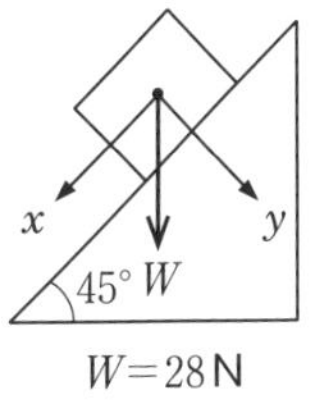


(1) 斜面方向の分力 $W_x$，斜面垂直方向の分力 $W_y$ を図示せよ。

(2) 分力 $W_x$ は何 N か。

$W=$ (ア　)〔イ　〕, $\sin 45°=$ (ウ　) より

$W_x=W\sin 45°=$ (エ　) N × $\frac{(\text{オ}\quad)}{2}$

$=19.6\,\text{N}\fallingdotseq 20\,\text{N}$

(3) 分力 $W_y$ は何 N か。

$W=$ (カ　)〔キ　〕, $\cos 45°=$ (ク　) より

$W_y=W\cos 45°=$ (ケ　) N × $\frac{(\text{コ}\quad)}{2}$

$=19.6\,\text{N}\fallingdotseq 20\,\text{N}$

# 19 斜面上にある物体の運動

**例題 1　最大摩擦力**

図のような粗い斜面上に質量 2.0 kg の物体を置いたところ，物体は静止した。斜面と物体の間の静止摩擦係数を 0.70，重力加速度の大きさを 9.8 m/s$^2$，$\sqrt{3}$＝1.7 として，次の問いに答えよ。

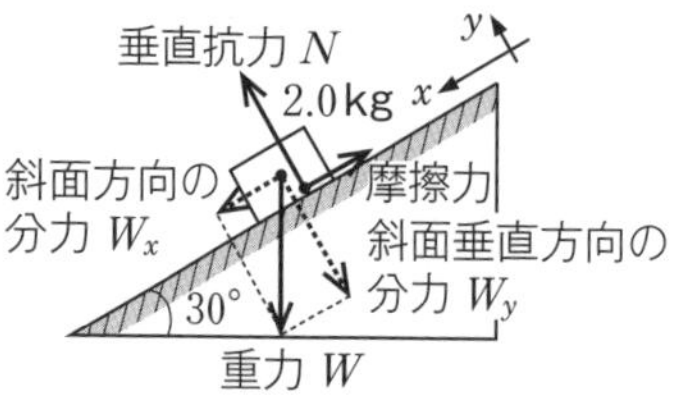


(1) 物体が受ける重力 $W$ は何 N か。
(2) 物体が受ける垂直抗力 $N$ は何 N か。
(3) 最大摩擦力 $f_0$ は何 N か。

**解法**　物体が受ける力は図のようになる。

(1) 重力 $W$ の大きさは，質量 $m$＝2.0 kg，重力加速度 $g$＝9.8 m/s$^2$ より

$W=mg=2.0\ \mathrm{kg}\times 9.8\ \mathrm{m/s^2}=19.6\ \mathrm{N}\fallingdotseq 20\ \mathrm{N}$

**答 20 N**

(2) 垂直抗力 $N$ と重力の斜面垂直方向の分力 $W_y$ はつりあっている。よって $N=W_y=W\cos\theta$ となる。

(1)の $W$＝19.6 N と $\cos 30°=\frac{\sqrt{3}}{2}$ を代入して

$N=19.6\ \mathrm{N}\times\frac{\sqrt{3}}{2}=16.66\ \mathrm{N}\fallingdotseq 17\ \mathrm{N}$

**答 17 N**

(3) 最大摩擦力 $f_0$ は，垂直抗力の大きさを $N$，静止摩擦係数を $\mu$ とすると $f_0=\mu N$ となる。
$\mu$＝0.70，(2)の結果 $N$＝16.66 N を代入して

$f_0=0.70\times 16.66\ \mathrm{N}=11.662\ \mathrm{N}\fallingdotseq 12\ \mathrm{N}$

**答 12 N**

**注**　物体は，重力の斜面方向の分力 9.8 N と同じ大きさの静止摩擦力により静止している。最大摩擦力により静止しているのではない。

**1**　例題 1 で，物体の質量が 1.0 kg の場合について，(　　)内には数値を，〔　　〕内には単位を入れ，次の問いに答えよ。ただし，$\sqrt{3}$＝1.7 とする。

(1) 物体が受ける重力 $W$ は何 N か。
$m$＝(ア　　)〔イ　　〕
$g$＝(ウ　　)〔エ　　〕より，
重力 $W$ の大きさは
$W=mg$＝(オ　　)kg×(カ　　)m/s$^2$
＝9.8 N

(2) 物体が受ける垂直抗力 $N$ は何 N か。
(1)の結果より，重力 $W$＝(キ　　)〔ク　　〕，
$\cos 30°$＝(ケ　　)を用いると，垂直抗力 $N$ は
$N=W_y=W\cos\theta$＝(コ　　)N×(サ　　)
＝8.33 N≒8.3 N

(3) 最大摩擦力 $f_0$ は何 N か。
静止摩擦係数 $\mu$＝(シ　　)
(2)の結果より，
垂直抗力 $N$＝(ス　　)〔セ　　〕を
代入すると，最大摩擦力 $f_0$ は
$f_0=\mu N$＝(ソ　　)×(タ　　)N
＝5.831 N≒5.8 N

**例題 2　なめらかな斜面上の運動**

質量 1.0 kg の物体を，なめらかな斜面上に置いたところ，物体は斜面上をすべり出した。物体に生じる加速度は何 m/s$^2$ か。ただし，重力加速度の大きさを 9.8 m/s$^2$ とする。

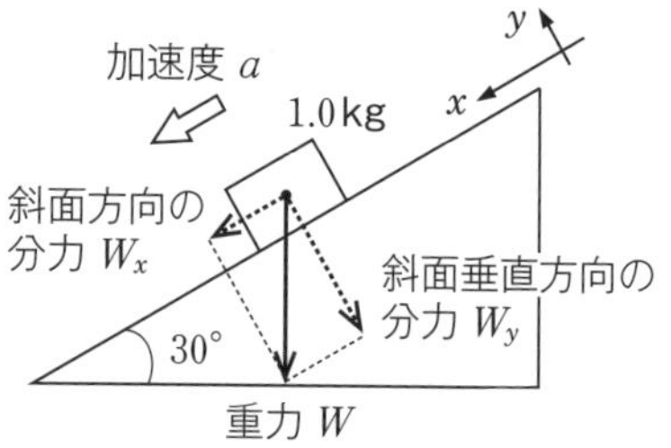


**解法**　斜面上にある物体の運動では，座標軸を図のようにとる。なめらかな斜面上にある物体は，重力と垂直抗力を受けている。
物体に加速度 $a$〔m/s$^2$〕を生じさせる力は，重力の斜面方向の分力 $W_x$〔N〕である。$W_x$ は，質量を $m$〔kg〕，重力加速度の大きさを $g$〔m/s$^2$〕とすると $W_x=mg\sin\theta$ となるので，これを運動方程式 $ma=F$ に代入すると

$ma=mg\sin\theta$

となる。よって，物体に生じる加速度は

$a=g\sin\theta$

となる。$g$＝9.8 m/s$^2$，$\sin 30°=\frac{1}{2}$ より

$a=9.8\ \mathrm{m/s^2}\times\frac{1}{2}=4.9\ \mathrm{m/s^2}$　**答 4.9 m/s$^2$**

**2** 例題2で，斜面の角度が45°の場合について，(　　)内には数値を，〔　　〕内には単位を入れよ。ただし，$\sqrt{2}=1.4$とする。

$g=($ア$\quad)$〔イ　　〕

$\sin 45°=\left(\text{ウ}\qquad\right)$を

$a=g\sin\theta$に代入して

$a=($エ$\quad)\mathrm{m/s^2}\times\dfrac{(\text{オ}\quad)}{2}$

$=6.86\ \mathrm{m/s^2}\fallingdotseq 6.9\ \mathrm{m/s^2}$

## 例題 3　粗い斜面上の運動

質量10 kgの物体を，粗い斜面上に置いたところ，物体は斜面上をすべり出した。物体と斜面の間の動摩擦係数が0.10のとき，次の問いに答えよ。ただし，重力加速度の大きさを$9.8\ \mathrm{m/s^2}$，$\sqrt{3}=1.7$とする。

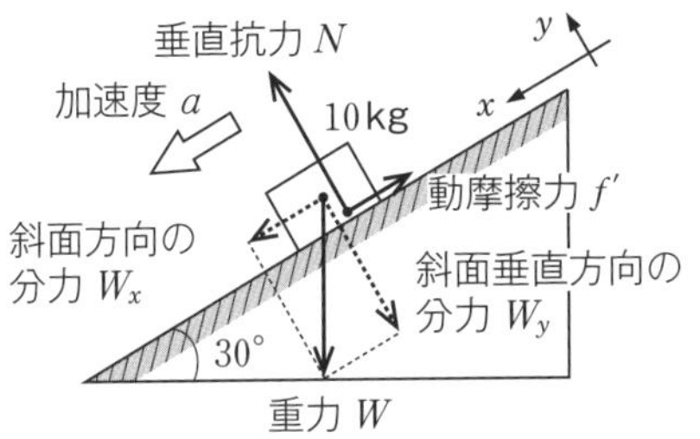


(1) 物体が受ける重力$W$は何Nか。
(2) 物体が受ける垂直抗力$N$は何Nか。
(3) 物体が受ける動摩擦力$f'$は何Nか。
(4) 物体に生じる加速度$a$は何$\mathrm{m/s^2}$か。

**解法** (1) $W=mg$に$m=10\ \mathrm{kg}$，$g=9.8\ \mathrm{m/s^2}$を代入する。

$W=10\ \mathrm{kg}\times 9.8\ \mathrm{m/s^2}=98\ \mathrm{N}$　　**答 98 N**

(2) 力のつりあいより，物体が受ける垂直抗力$N$は重力の斜面垂直方向の分力$W_y$と等しい。$W_y=W\cos\theta$であることから，垂直抗力$N$は$N=W\cos\theta$となり，(1)の結果$W=98\ \mathrm{N}$，

$\cos 30°=\dfrac{\sqrt{3}}{2}$を代入して

$N=98\ \mathrm{N}\times\dfrac{\sqrt{3}}{2}=83.3\ \mathrm{N}\fallingdotseq 83\ \mathrm{N}$　　**答 83 N**

(3) 動摩擦力の式$f'=\mu'N$に，$\mu'=0.10$，(2)の結果の垂直抗力$N=83.3\ \mathrm{N}$を代入して

$f'=0.10\times 83.3\ \mathrm{N}=8.33\ \mathrm{N}\fallingdotseq 8.3\ \mathrm{N}$

**答 8.3 N**

(4) 物体に加速度$a$を生じさせる力は，重力の斜面方向の分力$W_x$と動摩擦力$f'$の合力である。重力の斜面方向の分力$W_x$は，$W_x=W\sin\theta$と表されるので，物体が受ける斜面方向の合力は$W\sin\theta-f'$となり，これを運動方程式$ma=F$に代入する。

$ma=W\sin\theta-f'$

これに$m=10\ \mathrm{kg}$，(1)の結果より$W=98\ \mathrm{N}$，

$\sin 30°=\dfrac{1}{2}$，(3)の結果より$f'=8.33\ \mathrm{N}$を代入して

$10\ \mathrm{kg}\times a=98\ \mathrm{N}\times\dfrac{1}{2}-8.33\ \mathrm{N}$

$a=4.067\ \mathrm{m/s^2}\fallingdotseq 4.1\ \mathrm{m/s^2}$

**答 4.1 m/s²**

**3** 例題3で，斜面の角度が45°の場合について，(　　)内には数値を，〔　　〕内には単位を入れよ。ただし，$\sqrt{2}=1.4$とする。

(1) 物体が受ける重力$W$は何Nか。

$m=($ア$\quad)$〔イ　　〕

$g=($ウ$\quad)$〔エ　　〕

より，重力$W$の大きさは

$W=mg=($オ$\quad)\mathrm{kg}\times($カ$\quad)\mathrm{m/s^2}=98\ \mathrm{N}$

(2) 物体が受ける垂直抗力$N$は何Nか。

(1)の結果$W=($キ$\quad)$〔ク　　〕

$\cos 45°=\left(\text{ケ}\qquad\right)$より，垂直抗力$N$は

$N=W\cos\theta=($コ$\quad)\mathrm{N}\times\dfrac{(\text{サ}\quad)}{2}$

$=68.6\ \mathrm{N}\fallingdotseq 69\ \mathrm{N}$

(3) 物体が受ける動摩擦力$f'$は何Nか。

動摩擦係数$\mu'=($シ$\quad)$

(2)の結果の垂直抗力$N=($ス$\quad)$〔セ　　〕を用いて，動摩擦力$f'$は

$f'=\mu'N=($ソ$\quad)\times($タ$\quad)\mathrm{N}$

$=6.86\ \mathrm{N}\fallingdotseq 6.9\ \mathrm{N}$

(4) 物体に生じる加速度$a$は何$\mathrm{m/s^2}$か。

この場合の運動方程式$ma=F$は

$ma=W\sin\theta-f'$

となる。

物体の質量$m=($チ$\quad)$〔ツ　　〕

(1)の結果の重力$W=($テ$\quad)$〔ト　　〕

$\sin 45°=\left(\text{ナ}\qquad\right)$

(3)の結果の動摩擦力$f'=($ニ$\quad)$〔ヌ　　〕を代入して

$($ネ$\quad)\mathrm{kg}\times a$

$=($ノ$\quad)\mathrm{N}\times\dfrac{(\text{ハ}\quad)}{2}-($ヒ$\quad)\mathrm{N}$

$a=6.174\ \mathrm{m/s^2}\fallingdotseq 6.2\ \mathrm{m/s^2}$

粗い斜面上にある物体の加速度は，重力の斜面方向の分力と動摩擦力の合力によって生じる。

# 検印欄

| | | | | | |
|---|---|---|---|---|---|
| ／ | ／ | ／ | ／ | ／ | ／ |
| ／ | ／ | ／ | ／ | ／ | ／ |
| ／ | ／ | ／ | ／ | ／ | ／ |
| ／ | ／ | ／ | ／ | ／ | ／ |
| ／ | ／ | ／ | ／ | ／ | ／ |
| ／ | ／ | ／ | ／ | ／ | ／ |
| ／ | ／ | ／ | ／ | ／ | ／ |

年　　組　　番 名前

# リピート＆チャージ物理基礎ドリル
# 運動と力

## 解答編

実教出版

23(02)

# 1 指数の計算・運動の観測

**例題 1 指数の計算**

(　　)内に数値を入れよ。

(1) $1000=10^{(\quad)}$

(2) $0.1=10^{(\quad)}$

(3) $10^2\times10^3=10^{(\quad)}$

(4) $10^{10}\div10^4=10^{(\quad)}$

(5) $2300=2.3\times10^{(\quad)}$

(6) $0.047=4.7\times10^{(\quad)}$

(7) $2.0\times10^2\times3.0\times10^4=($ア$\quad)\times10^{(イ\quad)}$

(8) $(3.6\times10^8)\div(1.2\times10^3)=($ウ$\quad)\times10^{(エ\quad)}$

**解法** 10 を $n$ 回掛けたものを $10^n$，$\frac{1}{10^n}$ を $10^{-n}$ で表す。指数の計算は，次の公式を用いる。

$10^a\times10^b=10^{a+b}$

$10^a\div10^b=10^{a-b}$

(1) $1000=10\times10\times10=10^3$　　答 3

(2) $0.1=\frac{1}{10^1}=10^{-1}$　　答 −1

(3) $10^2\times10^3=10^{2+3}=10^5$　　答 5

(4) $10^{10}\div10^4=10^{10-4}=10^6$　　答 6

(5) けた数の大きい数字は，指数を用いる。

$2300=2.3\times1000=2.3\times10^3$　　答 3

(6) $0.047=4.7\times10^{-2}$　　答 −2

(7) $2.0\times10^2\times3.0\times10^4=(2.0\times3.0)\times10^{2+4}$

$=6.0\times10^6$　　答 ア 6.0　イ 6

(8) $(3.6\times10^8)\div(1.2\times10^3)=(3.6\div1.2)\times10^{8-3}$

$=3.0\times10^5$　　答 ウ 3.0　エ 5

**1** (　　)内に数値を入れよ。

(1) $100=10^{(ア\ 2)}$

(2) $0.01=\frac{1}{10^{(イ\ 2)}}=10^{(ウ\ -2)}$

(3) $10^3\times10^6=10^{(エ\ 3)+6}=10^{(オ\ 9)}$

(4) $10^8\div10^2=10^{(カ\ 8)-(キ\ 2)}=10^{(ク\ 6)}$

(5) $37000=3.7\times10^{(ケ\ 4)}$

(6) $0.0024=2.4\times10^{(コ\ -3)}$

(7) $1.2\times10^3\times5.0\times10^6$

$=($サ$\ 1.2)\times5.0\times10^{3+(シ\ 6)}$

$=($ス$\ 6.0)\times10^{(セ\ 9)}$

(8) $(5.0\times10^{-4})\div(2.5\times10^3)$

$=($ソ$\ 5.0)\div($タ$\ 2.5)\times10^{(チ\ -4)-(ツ\ 3)}$

$=($テ$\ 2.0)\times10^{(ト\ -7)}$

**例題 2 速さの単位換算**

次の問いに答えよ。

(1) 1 m/s は何 km/h か。

(2) 20 m/s は何 km/h か。

(3) 36 km/h は何 m/s か。

**解法** (1) 1 m/s は 1 秒間に 1 m 進む速さなので

1 分間(60 秒間)に 60 m

1 時間(60 分間)に 60 m×60=3600 m

進む。3600 m=3.6 km であることから

1 m/s=3.6 km/h

となる。　　答 3.6 km/h

(2) 1 m/s=3.6 km/h の関係より

20 m/s=20×3.6 km/h=72 km/h　　答 72 km/h

(3) 1 m/s=3.6 km/h の関係式を変形して

$\frac{1}{3.6}$ m/s=1 km/h

となる。この関係を用いて

36 km/h=36×$\frac{1}{3.6}$ m/s=$\frac{36}{3.6}$ m/s=10 m/s　　答 10 m/s

**2** (　　)内には数値を，〔　　〕内には単位を入れ，単位を換算せよ。

(1) 10 m/s=(ア 10 )×(イ 3.6 )〔ウ km/h 〕

=36 km/h

(2) 108 km/h=$\frac{(エ\ 108)}{(オ\ 3.6)}$〔カ m/s 〕=30 m/s

**3** 次の問いに答えよ。

(1) 15 m/s は何 km/h か。

1 m/s=3.6 km/h の関係より

15 m/s=15×3.6 km/h

=54 km/h

54 km/h

(2) 5.0 m/s は何 km/h か。

5.0 m/s=5.0×3.6 km/h

=18 km/h

18 km/h

(3) 180 km/h は何 m/s か。

180 km/h=$\frac{180}{3.6}$ m/s=50 m/s

50 m/s

(4) 144 km/h は何 m/s か。

144 km/h=$\frac{144}{3.6}$ m/s=40 m/s

40 m/s

**例題 3 変位**

物体が 12 m の位置から 30 m の位置に動いたとき，物体の変位は何 m か。

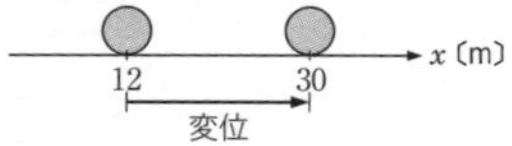


**解法** はじめの位置を $x_1$〔m〕，終わりの位置を $x_2$〔m〕とすると，変位 $\Delta x$〔m〕は位置の変化を表し，下の式のようになる。

$\Delta x=x_2-x_1$

$x_1=12$ m，$x_2=30$ m より

$\Delta x=x_2-x_1$

=30 m−12 m

=18 m　　答 18 m

**4** 物体が図のように動いたとき，物体の変位は何 m か。(　　)内には数値を，〔　　〕内には単位を入れよ。

(1)

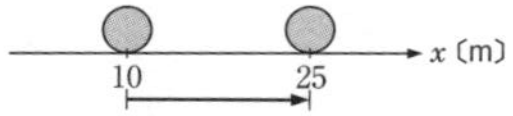


$x_1=($ア$\ 10\ )$〔イ m 〕

$x_2=($ウ$\ 25\ )$〔エ m 〕より

$\Delta x=x_2-x_1$

=(オ 25 )m−(カ 10 )m

=15 m

(2)

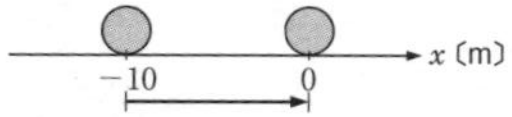


$x_1=($キ$\ -10\ )$〔ク m 〕

$x_2=($ケ$\ 0\ )$〔コ m 〕より

$\Delta x=x_2-x_1$

=(サ 0 )m−(シ (−10) )m

=10 m

(3)

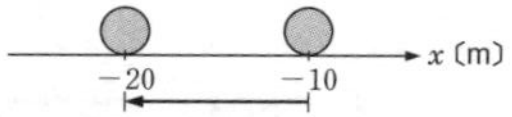


$x_1=($ス$\ -10\ )$〔セ m 〕

$x_2=($ソ$\ -20\ )$〔タ m 〕より

$\Delta x=x_2-x_1$

=(チ −20 )m−(ツ (−10) )m

=−10 m

負の方向に動いたとき，変位は負の値になる。

**5** 物体が図のように動いたとき，物体の変位は何 m か。

(1)

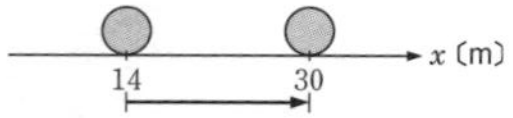


変位の式に，正負の符号も含めて数値を代入する。

$\Delta x=x_2-x_1$

=30 m−14 m

=16 m

16 m

(2)

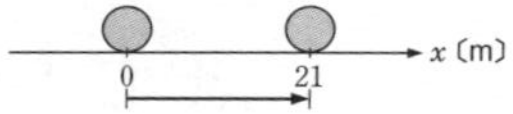


$\Delta x=x_2-x_1$

=21 m−0 m

=21 m

21 m

(3)

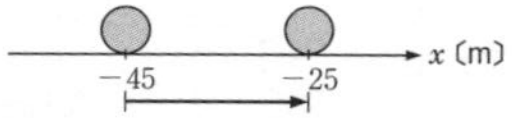


$\Delta x=x_2-x_1$

=−25 m−(−45 m)

=20 m

20 m

(4)

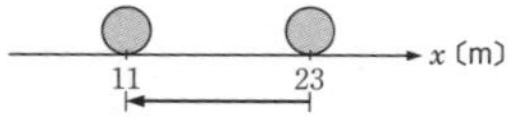


$\Delta x=x_2-x_1$

=11 m−23 m

=−12 m

−12 m

(5)

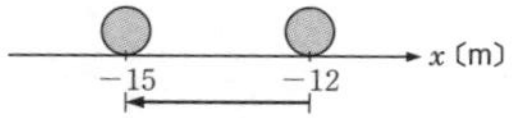


$\Delta x=x_2-x_1$

=−15 m−(−12 m)

=−3 m

−3 m

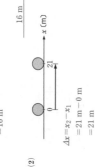

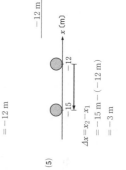

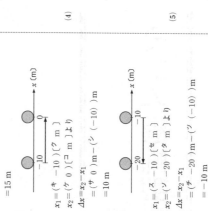

# 2 運動の表し方

**例題 1 速さ**

50 m の距離を 10 秒間で走る子どもの速さは何 m/s か。

**解法** 速さ $v$〔m/s〕は単位時間(1 秒間)あたりに進む距離を表し，進んだ距離を $x$〔m〕，かかった時間を $t$〔s〕とすると

$$v=\frac{x}{t}$$

となる。$x=50$ m，$t=10$ s より

$v=\frac{50\ \mathrm{m}}{10\ \mathrm{s}}=5.0$ m/s　　**答 5.0 m/s**

**1** (　　)内には数値を，〔　　〕内には単位を入れよ。

(1) 80 m の距離を 20 秒間で進む自転車の速さは何 m/s か。

$x=$(ア 80 )〔イ m 〕，$t=$(ウ 20 )〔エ s 〕より

$v=\frac{x}{t}=\frac{(\text{オ } 80\ )\mathrm{m}}{(\text{カ } 20\ )\mathrm{s}}=4.0$ m/s

(2) 速さ 6.0 m/s の自転車は，15 秒間で何 m 進むか。

$v=$(キ 6.0 )〔ク m/s 〕，$t=$(ケ 15 )〔コ s 〕より

$v=\frac{x}{t}$ を変形して

$x=vt$

$=$(サ 6.0 )m/s×(シ 15 )s

$=90$ m

**2** 次の問いに答えよ。

(1) 75 m の距離を 25 秒間で進む自転車の速さは何 m/s か。

$v=\frac{x}{t}=\frac{75\ \mathrm{m}}{25\ \mathrm{s}}=3.0$ m/s

3.0 m/s

(2) 速さ 2.0 m/s で走っている人は，25 秒間で何 m 進むか。

$v=\frac{x}{t}$ を変形して

$x=vt$

$=2.0$ m/s×25 s$=50$ m

50 m

**例題 2 速度**

物体 A は右向きに速さ 10 m/s，物体 B は左向きに速さ 12 m/s で運動している。右向きを正の向きとすると，物体 A，B の速度はそれぞれ何 m/s か。

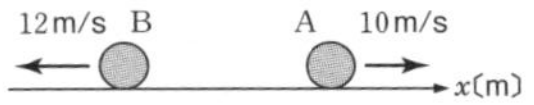


**解法** 速さと運動の向きをあわせてもつ量を速度といい，向きを正負の符号で表す。運動の座標軸正の向きに運動する場合は正(+)，逆向きに運動する場合は負(−)とする。

A：右向きなので速度は正　　**答 +10 m/s**

B：左向きなので速度は負　　**答 −12 m/s**

**3** 図のように物体が運動しているとき，(　　)内に正負の符号を入れ，物体 A と物体 B の速度をそれぞれ表せ。

(1)

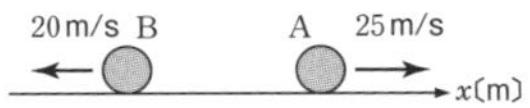


A の速度：(ア ＋ )25 m/s

B の速度：(イ − )20 m/s

(2)

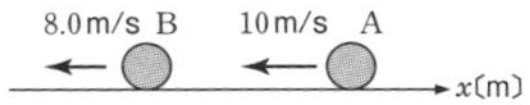


A の速度：(ウ − )10 m/s

B の速度：(エ − )8.0 m/s

**4** 図のように物体が運動しているとき，物体 A，B の速度はそれぞれ何 m/s か。

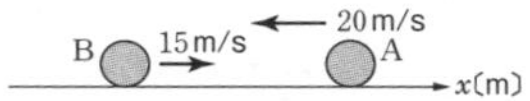


座標軸は右向きが正なので，右向きに運動している物体の速度が正となる。

A の速度：−20 m/s

B の速度：+15 m/s

速度が正のときは，+15 m/s を符号をつけずに 15 m/s と表してもよい。

**例題 3 平均の速度**

直線上を運動する物体が，時刻 1.0 秒のとき 12 m，時刻 2.0 秒のとき 24 m の位置を通過した。物体の平均の速度は何 m/s か。

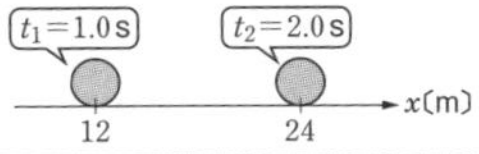


**解法** 時刻 $t_1$〔s〕のときの位置を $x_1$〔m〕，時刻 $t_2$〔s〕のときの位置を $x_2$〔m〕とすると，平均の速度 $v$〔m/s〕は

$$v=\frac{x_2-x_1}{t_2-t_1}$$

$t_1=1.0$ s，$x_1=12$ m，$t_2=2.0$ s，$x_2=24$ m より

$v=\frac{24\ \mathrm{m}-12\ \mathrm{m}}{2.0\ \mathrm{s}-1.0\ \mathrm{s}}=\frac{12\ \mathrm{m}}{1.0\ \mathrm{s}}=12$ m/s

**答 12 m/s**

**5** (　　)内には数値を，〔　　〕内には単位を入れよ。

(1) 直線上を運動する物体が，時刻 2.0 秒のとき 10 m，時刻 4.0 秒のとき 30 m の位置を通過した。物体の平均の速度は何 m/s か。

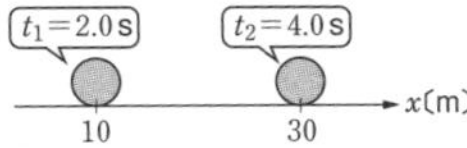


$t_1=$(ア 2.0 )〔イ s 〕，$x_1=$(ウ 10 )〔エ m 〕

$t_2=$(オ 4.0 )〔カ s 〕，$x_2=$(キ 30 )〔ク m 〕

より

$v=\frac{(\text{ケ } 30\ )\mathrm{m}-(\text{コ } 10\ )\mathrm{m}}{(\text{サ } 4.0\ )\mathrm{s}-(\text{シ } 2.0\ )\mathrm{s}}$

$=\frac{20\ \mathrm{m}}{2.0\ \mathrm{s}}$

$=10$ m/s

(2) 直線上を運動する物体が，時刻 0 秒のとき 14 m，時刻 3.0 秒のとき 26 m の位置を通過した。物体の平均の速度は何 m/s か。

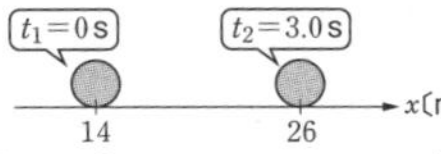


$t_1=$(ス 0 )〔セ s 〕，$x_1=$(ソ 14 )〔タ m 〕

$t_2=$(チ 3.0 )〔ツ s 〕，$x_2=$(テ 26 )〔ト m 〕

より

$v=\frac{(\text{ナ } 26\ )\mathrm{m}-(\text{ニ } 14\ )\mathrm{m}}{(\text{ヌ } 3.0\ )\mathrm{s}-(\text{ネ } 0\ )\mathrm{s}}$

$=\frac{12\ \mathrm{m}}{3.0\ \mathrm{s}}$

$=4.0$ m/s

**6** 次の問いに答えよ。

(1) 直線上を運動する物体が，時刻 10 秒のとき 20 m，時刻 20 秒のとき 80 m の位置を通過した。物体の平均の速度は何 m/s か。

平均の速度の式に代入する。

$v=\frac{80\ \mathrm{m}-20\ \mathrm{m}}{20\ \mathrm{s}-10\ \mathrm{s}}=\frac{60\ \mathrm{m}}{10\ \mathrm{s}}=6.0$ m/s

6.0 m/s

(2) 直線上を運動する物体が，時刻 0 秒のとき 16 m，時刻 3.0 秒のとき 40 m の位置を通過した。物体の平均の速度は何 m/s か。

$v=\frac{40\ \mathrm{m}-16\ \mathrm{m}}{3.0\ \mathrm{s}-0\ \mathrm{s}}=\frac{24\ \mathrm{m}}{3.0\ \mathrm{s}}=8.0$ m/s

8.0 m/s

(3) 直線上を運動する物体が，時刻 1.0 秒のとき 10 m，時刻 4.0 秒のとき 70 m の位置を通過した。物体の平均の速度は何 m/s か。

$v=\frac{70\ \mathrm{m}-10\ \mathrm{m}}{4.0\ \mathrm{s}-1.0\ \mathrm{s}}=\frac{60\ \mathrm{m}}{3.0\ \mathrm{s}}=20$ m/s

20 m/s

(4) 直線上を運動する物体が，時刻 0 秒のとき 0 m，時刻 2.5 秒のとき 5.0 m の位置を通過した。物体の平均の速度は何 m/s か。

$v=\frac{5.0\ \mathrm{m}-0\ \mathrm{m}}{2.5\ \mathrm{s}-0\ \mathrm{s}}=\frac{5.0\ \mathrm{m}}{2.5\ \mathrm{s}}=2.0$ m/s

2.0 m/s

(5) 直線上を運動する物体が，時刻 0 秒のとき 24 m，時刻 2.0 秒のとき 36 m の位置を通過した。物体の平均の速度は何 m/s か。

$v=\frac{36\ \mathrm{m}-24\ \mathrm{m}}{2.0\ \mathrm{s}-0\ \mathrm{s}}=\frac{12\ \mathrm{m}}{2.0\ \mathrm{s}}=6.0$ m/s

6.0 m/s

# 3 速度の合成と相対速度

**例題 1 速度の合成①**

静水上を 5.0 m/s の速さで進む船が川をくだるとき，岸に対する船の速度の大きさと向きを求めよ。川の流れの向きを正とする。

**解法** 2つの物体の速度をそれぞれ $v_1$〔m/s〕，$v_2$〔m/s〕とすると，合成速度 $v$〔m/s〕は

$v=v_1+v_2$

川の流れの向きを正とするので，川の流れの速度と船の速度はそれぞれ正となる。川の流れの速度 $v_1=+3.0$ m/s，船の速度 $v_2=+5.0$ m/s を式に代入して

$v=+3.0$ m/s$+(+5.0$ m/s$)=+8.0$ m/s

**答 大きさ：8.0 m/s　向き：川の流れの向き**

**1** 岸に対する船の速度の大きさと向きを求めよ。川の流れの向きを正，川の流れの速度を $v_1$〔m/s〕，船の速度を $v_2$〔m/s〕として，(　　)内には数値を，〔　　〕内には単位を入れよ。

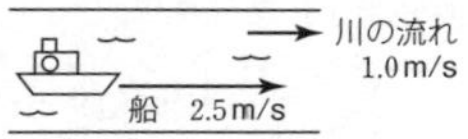


$v_1=($ア $+1.0$ )〔イ m/s 〕

$v_2=($ウ $+2.5$ )〔エ m/s 〕より

$v=v_1+v_2$

$=($オ $+1.0$ )m/s$+($カ $(+2.5)$ )m/s

$=+3.5$ m/s

大きさ：3.5 m/s　向き：川の流れの向き

**2** 岸に対する船の速度の大きさと向きを求めよ。川の流れの向きを正とする。

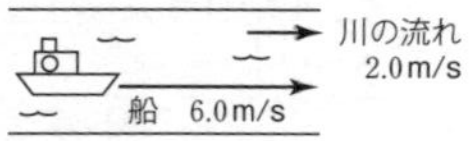


合成速度の式に代入する。

$v=v_1+v_2$

$=+2.0$ m/s$+(+6.0$ m/s$)$

$=+8.0$ m/s

大きさ：8.0 m/s　　向き：川の流れの向き

**例題 2 速度の合成②**

例題1で，船が川をのぼるとき，岸に対する船の速度の大きさと向きを求めよ。川の流れの向きを正とする。

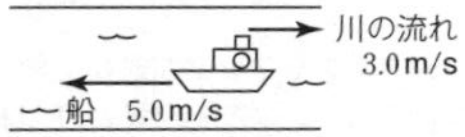


**解法** 川の流れの向きが正の向きなので，船の速度は負となる。
川の流れの速度 $v_1=+3.0$ m/s，船の速度 $v_2=-5.0$ m/s を合成速度の式に代入して

$v=v_1+v_2$

$=+3.0$ m/s$+(-5.0$ m/s$)=-2.0$ m/s

**答 大きさ：2.0 m/s　向き：川の流れと逆向き**

**3** 岸に対する船の速度の大きさと向きを求めよ。川の流れの向きを正，川の流れの速度を $v_1$〔m/s〕，船の速度を $v_2$〔m/s〕として，(　　)内には数値を，〔　　〕内には単位を入れよ。

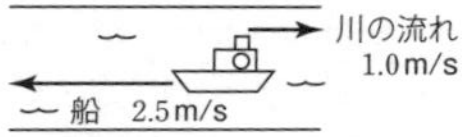


$v_1=($ア $+1.0$ )〔イ m/s 〕

$v_2=($ウ $-2.5$ )〔エ m/s 〕より

$v=v_1+v_2$

$=($オ $+1.0$ )m/s$+($カ $(-2.5)$ )m/s

$=-1.5$ m/s

大きさ：1.5 m/s　向き：川の流れと逆向き

**4** 岸に対する船の速度の大きさと向きを求めよ。川の流れの向きを正とする。

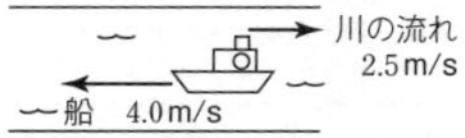


船の速度を負にして，合成速度の式に代入する。

$v=v_1+v_2$

$=+2.5$ m/s$+(-4.0$ m/s$)$

$=-1.5$ m/s

大きさ：1.5 m/s　　向き：川の流れと逆向き

**例題 3 相対速度**

自動車 A, B が，それぞれ右向きに 25 m/s，15 m/s の速度で走っている。右向きを正として，次の問いに答えよ。

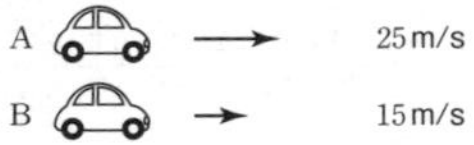


(1) A に対する B の相対速度の大きさと向きを求めよ。

(2) B に対する A の相対速度の大きさと向きを求めよ。

**解法** 一方の物体から見た他方の物体の速度を相対速度という。物体 A の速度を $v_A$〔m/s〕，物体 B の速度を $v_B$〔m/s〕とすると，A に対する B の相対速度 $v$〔m/s〕(A から見た B の相対速度）は

$v=v_B-v_A$

となる。右向きを正とするので，A と B の速度はともに正となる。

(1) $v_A=+25$ m/s，$v_B=+15$ m/s より

$v=v_B-v_A=+15$ m/s$-(+25$ m/s$)$

$=-10$ m/s **答 大きさ：10 m/s　向き：左向き**

(2) $v=v_A-v_B=+25$ m/s$-(+15$ m/s$)$

$=+10$ m/s **答 大きさ：10 m/s　向き：右向き**

**5** 自動車 A，B が図のように走っている。A，B の速度をそれぞれ $v_A$〔m/s〕，$v_B$〔m/s〕として，相対速度の大きさと向きを求めよ。右向きを正として，(　　)内には数値を，〔　　〕内には単位を入れよ。

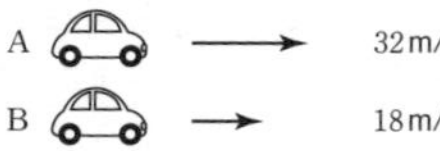


(1) A に対する B の相対速度

$v_A=($ア $+32$ )〔イ m/s 〕

$v_B=($ウ $+18$ )〔エ m/s 〕より

$v=v_B-v_A$

$=($オ $+18$ )m/s$-($カ $(+32)$ )m/s

$=-14$ m/s

大きさ：14 m/s　向き：左向き

(2) B に対する A の相対速度

$v_A=($キ $+32$ )〔ク m/s 〕

$v_B=($ケ $+18$ )〔コ m/s 〕より

$v=v_A-v_B$

$=($サ $+32$ )m/s$-($シ $(+18)$ )m/s

$=+14$ m/s

大きさ：14 m/s　向き：右向き

**6** 自動車 A，B が図のように走っている。A，B の速度をそれぞれ $v_A$〔m/s〕，$v_B$〔m/s〕として，相対速度の大きさと向きを求めよ。右向きを正として，(　　)内には数値を，〔　　〕内には単位を入れよ。

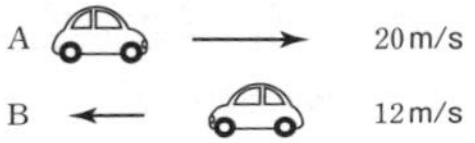


(1) A に対する B の相対速度

$v_A=($ア $+20$ )〔イ m/s 〕

$v_B=($ウ $-12$ )〔エ m/s 〕より

$v=v_B-v_A$

$=($オ $-12$ )m/s$-($カ $(+20)$ )m/s

$=-32$ m/s

大きさ：32 m/s　向き：左向き

(2) B に対する A の相対速度

$v_A=($キ $+20$ )〔ク m/s 〕

$v_B=($ケ $-12$ )〔コ m/s 〕より

$v=v_A-v_B$

$=($サ $+20$ )m/s$-($シ $(-12)$ )m/s

$=+32$ m/s

大きさ：32 m/s　向き：右向き

**7** 自動車 A，B が図のように走っている。右向きを正として，次の問いに答えよ。

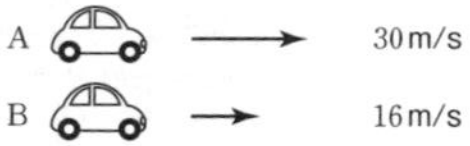


(1) A に対する B の相対速度の大きさと向きを求めよ。

相対速度の式に代入する。

$v=v_B-v_A$

$=+16$ m/s$-(+30$ m/s$)$

$=-14$ m/s

大きさ：14 m/s　　向き：左向き

(2) B に対する A の相対速度の大きさと向きを求めよ。

$v=v_A-v_B$

$=+30$ m/s$-(+16$ m/s$)$

$=+14$ m/s

大きさ：14 m/s　　向き：右向き



合成速度の式に代入するとき，速度 $v_1$，$v_2$ には正負の符号も入れる。

「A に対する B の相対速度」は「A から見た B の速度」を意味する。

# 4 加速度

**例題 1 加速度①**

直線上を右向きに運動する物体がある。物体は時刻 0 秒のとき 4.0 m/s の速度で，時刻 2.0 秒のとき 8.0 m/s の速度になった。右向きを正として，物体の加速度の大きさと向きを求めよ。

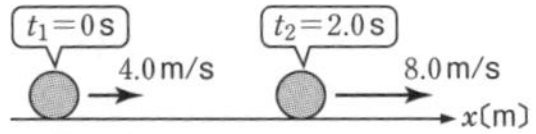


**解法** 単位時間あたりの速度の変化量を加速度という。時刻 $t_1$〔s〕の速度を $v_1$〔m/s〕，時刻 $t_2$〔s〕の速度を $v_2$〔m/s〕とすると，加速度 $a$〔m/s²〕は

$$a=\frac{v_2-v_1}{t_2-t_1}$$

となる。$v_1=4.0$ m/s，$v_2=8.0$ m/s，$t_1=0$ s，$t_2=2.0$ s を代入して

$$a=\frac{8.0\ \mathrm{m/s}-4.0\ \mathrm{m/s}}{2.0\ \mathrm{s}-0\ \mathrm{s}}=+2.0\ \mathrm{m/s^2}$$

計算結果が正であることから，加速度の向きは右向きとなる。

**答 大きさ：2.0 m/s² 向き：右向き**

**1** 物体が図のように動いたとき，物体の加速度の大きさと向きを求めよ。右向きを正として，（　）内には数値を，〔　〕内には単位を入れよ。

(1)

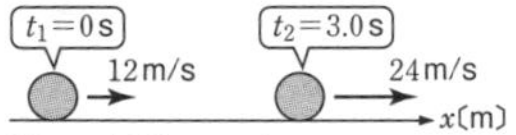


$v_1$=(ア 12)〔イ m/s〕
$v_2$=(ウ 24)〔エ m/s〕
$t_1$=(オ 0)〔カ s〕
$t_2$=(キ 3.0)〔ク s〕
より

$$a=\frac{(ケ\ 24)\mathrm{m/s}-(コ\ 12)\mathrm{m/s}}{(サ\ 3.0)\mathrm{s}-(シ\ 0)\mathrm{s}}$$
$=+4.0\ \mathrm{m/s^2}$

大きさ：4.0 m/s²　　向き：右向き

(2)

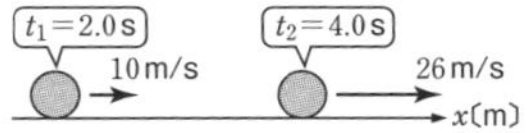


$v_1$=(ス 10)〔セ m/s〕
$v_2$=(ソ 26)〔タ m/s〕
$t_1$=(チ 2.0)〔ツ s〕
$t_2$=(テ 4.0)〔ト s〕より

$$a=\frac{(ナ\ 26)\mathrm{m/s}-(ニ\ 10)\mathrm{m/s}}{(ヌ\ 4.0)\mathrm{s}-(ネ\ 2.0)\mathrm{s}}$$
$=+8.0\ \mathrm{m/s^2}$

大きさ：8.0 m/s²　　向き：右向き

**2** 物体が図のように動いたとき，右向きを正として，物体の加速度の大きさと向きを求めよ。

(1)

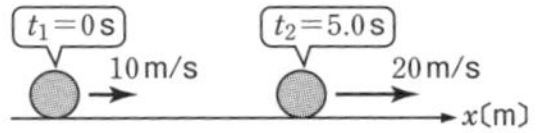


加速度の式に代入する。

$$a=\frac{20\ \mathrm{m/s}-10\ \mathrm{m/s}}{5.0\ \mathrm{s}-0\ \mathrm{s}}=\frac{10\ \mathrm{m/s}}{5.0\ \mathrm{s}}$$
$=+2.0\ \mathrm{m/s^2}$

加速度の向きは符号で判断する。

大きさ：2.0 m/s²　　向き：右向き

(2)

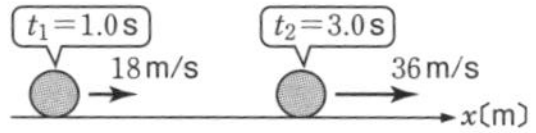


加速度の式に代入する。

$$a=\frac{36\ \mathrm{m/s}-18\ \mathrm{m/s}}{3.0\ \mathrm{s}-1.0\ \mathrm{s}}=\frac{18\ \mathrm{m/s}}{2.0\ \mathrm{s}}$$
$=+9.0\ \mathrm{m/s^2}$

大きさ：9.0 m/s²　　向き：右向き

**例題 2 加速度②**

直線上を，右向きに運動する物体がある。物体は時刻 0 秒のとき 9.0 m/s の速度で，時刻 3.0 秒のとき 4.5 m/s の速度になった。右向きを正として，物体の加速度の大きさと向きを求めよ。

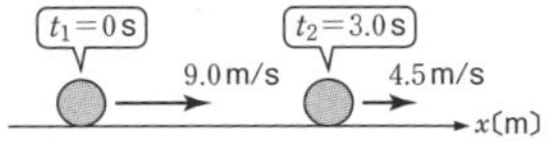


**解法** 加速度の式　$a=\frac{v_2-v_1}{t_2-t_1}$

に，$v_1=9.0$ m/s，$v_2=4.5$ m/s，$t_1=0$ s，$t_2=3.0$ s を代入して

$$a=\frac{4.5\ \mathrm{m/s}-9.0\ \mathrm{m/s}}{3.0\ \mathrm{s}-0\ \mathrm{s}}=-1.5\ \mathrm{m/s^2}$$

計算結果が負であることから，加速度の向きは左向きとなる。

**答 大きさ：1.5 m/s² 向き：左向き**

**3** 物体が図のように動いたとき，物体の加速度の大きさと向きを求めよ。右向きを正として，（　）内には数値を，〔　〕内には単位を入れよ。

(1)

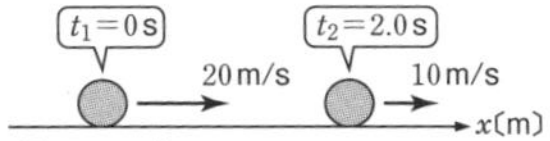


$v_1$=(ア 20)〔イ m/s〕
$v_2$=(ウ 10)〔エ m/s〕
$t_1$=(オ 0)〔カ s〕
$t_2$=(キ 2.0)〔ク s〕より

$$a=\frac{(ケ\ 10)\mathrm{m/s}-(コ\ 20)\mathrm{m/s}}{(サ\ 2.0)\mathrm{s}-(シ\ 0)\mathrm{s}}$$
$=-5.0\ \mathrm{m/s^2}$

大きさ：5.0 m/s²　　向き：左向き

(2)

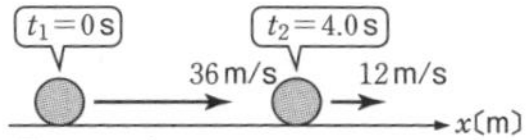


$v_1$=(ス 36)〔セ m/s〕
$v_2$=(ソ 12)〔タ m/s〕
$t_1$=(チ 0)〔ツ s〕
$t_2$=(テ 4.0)〔ト s〕より

$$a=\frac{(ナ\ 12)\mathrm{m/s}-(ニ\ 36)\mathrm{m/s}}{(ヌ\ 4.0)\mathrm{s}-(ネ\ 0)\mathrm{s}}$$
$=-6.0\ \mathrm{m/s^2}$

大きさ：6.0 m/s²　　向き：左向き

**4** 物体が図のように動いたとき，右向きを正として，物体の加速度の大きさと向きを求めよ。

(1)

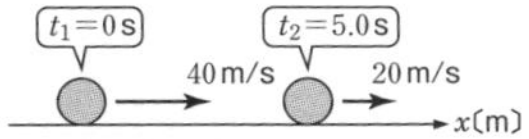


加速度の式に代入する。

$$a=\frac{20\ \mathrm{m/s}-40\ \mathrm{m/s}}{5.0\ \mathrm{s}-0\ \mathrm{s}}=\frac{-20\ \mathrm{m/s}}{5.0\ \mathrm{s}}$$
$=-4.0\ \mathrm{m/s^2}$

大きさ：4.0 m/s²　　向き：左向き

(2)

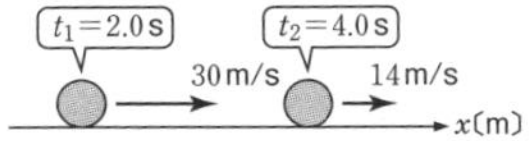


$$a=\frac{14\ \mathrm{m/s}-30\ \mathrm{m/s}}{4.0\ \mathrm{s}-2.0\ \mathrm{s}}=\frac{-16\ \mathrm{m/s}}{2.0\ \mathrm{s}}$$
$=-8.0\ \mathrm{m/s^2}$

大きさ：8.0 m/s²　　向き：左向き

(3)

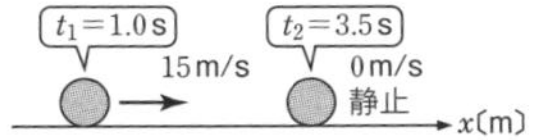


$$a=\frac{0\ \mathrm{m/s}-15\ \mathrm{m/s}}{3.5\ \mathrm{s}-1.0\ \mathrm{s}}=\frac{-15\ \mathrm{m/s}}{2.5\ \mathrm{s}}$$
$=-6.0\ \mathrm{m/s^2}$

大きさ：6.0 m/s²　　向き：左向き

(4)

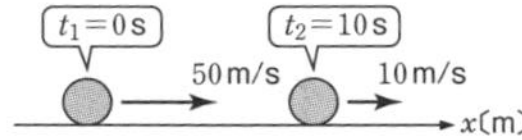


$$a=\frac{10\ \mathrm{m/s}-50\ \mathrm{m/s}}{10\ \mathrm{s}-0\ \mathrm{s}}=\frac{-40\ \mathrm{m/s}}{10\ \mathrm{s}}$$
$=-4.0\ \mathrm{m/s^2}$

大きさ：4.0 m/s²　　向き：左向き



加速度は大きさと向きをもつ。

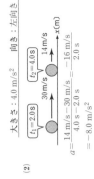

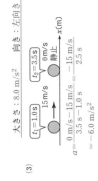

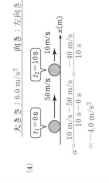

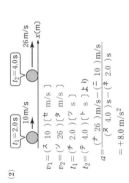

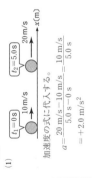

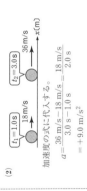

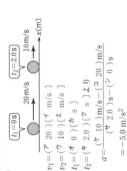

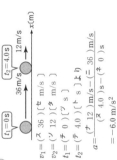

# 5 等加速度直線運動①

**例題 1 速度の式**

直線上を正の向きに 3.0 m/s の速度で物体が動いている。1.0 $m/s^2$ の一定の加速度で運動したとき，加速してから 2.0 秒後の物体の速度は何 m/s か。

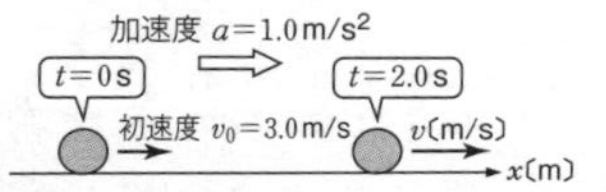


**解法** 物体は等加速度直線運動をしている。
初速度(時刻 0 秒の速度)を $v_0$〔m/s〕，加速度を $a$〔$m/s^2$〕，時間を $t$〔s〕とすると，$t$ 秒後の物体の速度 $v$〔m/s〕は

$$v=v_0+at$$

となる。$v_0$=3.0 m/s，$a$=1.0 $m/s^2$，$t$=2.0 s より

$v$=3.0 m/s+1.0 $m/s^2$×2.0 s
=+5.0 m/s

答 +5.0 m/s

**1** 直線上を正の向きに 4.0 m/s の速度で物体が動いている。2.0 $m/s^2$ の一定の加速度で運動したとき，加速してから 1.0 秒後の物体の速度は何 m/s か。(　)内には数値を，〔　〕内には単位を入れよ。

$v_0$=(ア 4.0 )〔イ m/s 〕
$a$=(ウ 2.0 )〔エ $m/s^2$ 〕
$t$=(オ 1.0 )〔カ s 〕より
$v=v_0+at$
=(キ 4.0 )m/s
+(ク 2.0 )$m/s^2$×(ケ 1.0 )s
=+6.0 m/s

**2** 直線上を正の向きに 2.5 m/s の速度で物体が動いている。

(1) 3.0 $m/s^2$ の一定の加速度で運動したとき，加速してから 2.0 秒後の物体の速度は何 m/s か。

等加速度直線運動の速度の式に代入する。

$v=v_0+at$
=2.5 m/s+3.0 $m/s^2$×2.0 s
=2.5 m/s+6.0 m/s
=+8.5 m/s

+8.5 m/s

(2) 2.0 $m/s^2$ の一定の加速度で運動したとき，加速してから 1.5 秒後の物体の速度は何 m/s か。

$v=v_0+at$
=2.5 m/s+2.0 $m/s^2$×1.5 s
=2.5 m/s+3.0 m/s
=+5.5 m/s

+5.5 m/s

**3** 直線上を正の向きに 4.0 m/s の速度で物体が動いている。−1.0 $m/s^2$ の一定の加速度で運動したとき，加速してから 3.0 秒後の物体の速度は何 m/s か。(　)内には数値を，〔　〕内には単位を入れよ。

$v_0$=(ア 4.0 )〔イ m/s 〕
$a$=(ウ −1.0 )〔エ $m/s^2$ 〕
$t$=(オ 3.0 )〔カ s 〕より
$v=v_0+at$
=(キ 4.0 )m/s
+(ク (−1.0) )$m/s^2$×(ケ 3.0 )s
=+1.0 m/s

**4** 直線上を正の向きに 2.5 m/s の速度で物体が動いている。

(1) −1.0 $m/s^2$ の一定の加速度で運動したとき，加速してから 1.0 秒後の物体の速度は何 m/s か。

等加速度直線運動の速度の式に代入する。

$v=v_0+at$
=2.5 m/s+(−1.0 $m/s^2$)×1.0 s
=2.5 m/s−1.0 m/s
=+1.5 m/s

+1.5 m/s

(2) −2.0 $m/s^2$ の一定の加速度で運動したとき，加速してから 4.0 秒後の物体の速度は何 m/s か。

$v=v_0+at$
=2.5 m/s+(−2.0 $m/s^2$)×4.0 s
=2.5 m/s−8.0 m/s
=−5.5 m/s

−5.5 m/s

**例題 2 変位の式**

直線上を正の向きに 3.0 m/s の速度で物体が動いている。1.0 $m/s^2$ の一定の加速度で運動したとき，加速してから 2.0 秒間に物体は何 m 進むか。

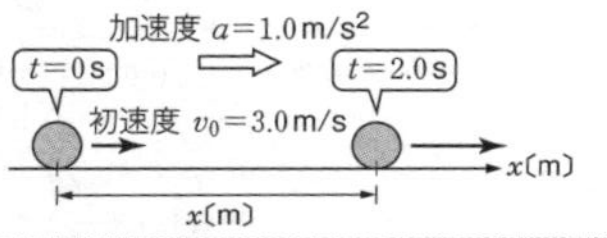


**解法** 初速度を $v_0$〔m/s〕，加速度を $a$〔$m/s^2$〕，時間を $t$〔s〕とすると，$t$〔s〕間に物体が $x$〔m〕進んだとき

$$x=v_0t+\frac{1}{2}at^2$$

となる。$v_0$=3.0 m/s，$a$=1.0 $m/s^2$，$t$=2.0 s より

$x$=3.0 m/s×2.0 s+$\frac{1}{2}$×1.0 $m/s^2$×(2.0 s)$^2$
=6.0 m+2.0 m=8.0 m

答 8.0 m

**5** 直線上を正の向きに 2.0 m/s の速度で物体が動いている。4.0 $m/s^2$ の一定の加速度で運動したとき，加速してから 1.0 秒間に物体は何 m 進むか。(　)内には数値を，〔　〕内には単位を入れよ。

$v_0$=(ア 2.0 )〔イ m/s 〕
$a$=(ウ 4.0 )〔エ $m/s^2$ 〕
$t$=(オ 1.0 )〔カ s 〕より
$x=v_0t+\frac{1}{2}at^2$
=(キ 2.0 )m/s×(ク 1.0 )s
+$\frac{1}{2}$×(ケ 4.0 )$m/s^2$×((コ 1.0 )s)$^2$
=2.0 m+2.0 m
=4.0 m

**6** 直線上を正の向きに 2.0 m/s の速度で物体が動いている。

(1) 1.5 $m/s^2$ の一定の加速度で運動したとき，加速してから 2.0 秒間に物体は何 m 進むか。

等加速度直線運動の変位の式に代入する。

$x=v_0t+\frac{1}{2}at^2$
=2.0 m/s×2.0 s+$\frac{1}{2}$×1.5 $m/s^2$×(2.0 s)$^2$
=4.0 m+3.0 m
=7.0 m

7.0 m

(2) 2.4 $m/s^2$ の一定の加速度で運動したとき，加速してから 1.0 秒間に物体は何 m 進むか。

$x=v_0t+\frac{1}{2}at^2$
=2.0 m/s×1.0 s+$\frac{1}{2}$×2.4 $m/s^2$×(1.0 s)$^2$
=2.0 m+1.2 m
=3.2 m

3.2 m

**7** 直線上を正の向きに 2.0 m/s の速度で物体が動いている。−1.0 $m/s^2$ の一定の加速度で運動したとき，加速してから 2.0 秒間に物体は何 m 進むか。(　)内には数値を，〔　〕内には単位を入れよ。

$v_0$=(ア 2.0 )〔イ m/s 〕
$a$=(ウ −1.0 )〔エ $m/s^2$ 〕
$t$=(オ 2.0 )〔カ s 〕より
$x=v_0t+\frac{1}{2}at^2$
=(キ 2.0 )m/s×(ク 2.0 )s
+$\frac{1}{2}$×(ケ (−1.0) )$m/s^2$×((コ 2.0 )s)$^2$
=4.0 m−2.0 m
=2.0 m

**8** 直線上を正の向きに 2.0 m/s の速度で物体が動いている。

(1) −2.0 $m/s^2$ の一定の加速度で運動したとき，加速してから 1.0 秒間に物体は何 m 進むか。

等加速度直線運動の変位の式に代入する。

$x=v_0t+\frac{1}{2}at^2$
=2.0 m/s×1.0 s
+$\frac{1}{2}$×(−2.0 $m/s^2$)×(1.0 s)$^2$
=2.0 m−1.0 m
=1.0 m

1.0 m

(2) −0.50 $m/s^2$ の一定の加速度で運動したとき，加速してから 4.0 秒間に物体は何 m 進むか。

$x=v_0t+\frac{1}{2}at^2$
=2.0 m/s×4.0 s
+$\frac{1}{2}$×(−0.50 $m/s^2$)×(4.0 s)$^2$
=8.0 m−4.0 m
=4.0 m

4.0 m


☑ $v_0$〔m/s〕：初速度…時刻 0 秒のときの速度

等加速度直線運動の式に代入するとき，正負の符号も式に入れる。

# 6 等加速度直線運動②

**例題 1　時間 $t$ を含まない式の利用①**

直線上を 4.0 m/s の速度で運動していた物体が，2.0 m/s$^2$ の一定の加速度で加速した。速度が 6.0 m/s になったとき，物体は何 m 進んでいるか。

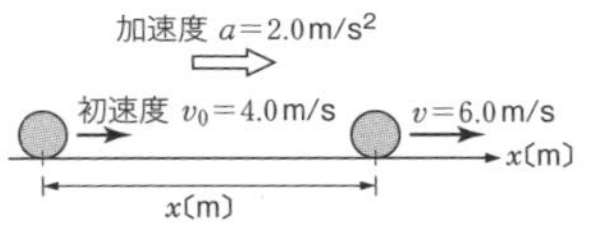


**解法**　移動に要する時間がわからない場合は，

$$v^2-v_0{}^2=2ax$$

の関係式を用いる。初速度を $v_0$=4.0 m/s，加速度を $a$=2.0 m/s$^2$，変位 $x$〔m〕のときの速度を $v$=6.0 m/s として式に代入する。

$$(6.0\ \mathrm{m/s})^2-(4.0\ \mathrm{m/s})^2=2\times2.0\ \mathrm{m/s^2}\times x$$
$$36\ \mathrm{m^2/s^2}-16\ \mathrm{m^2/s^2}=4.0\ \mathrm{m/s^2}\times x$$
$$x=5.0\ \mathrm{m}$$

答 **5.0 m**

**例題 2　時間 $t$ を含まない式の利用②**

直線上を 2.0 m/s の速度で運動していた物体が，一定の加速度で加速し，2.5 m 進んで速度が 3.0 m/s になった。物体の加速度の大きさを求めよ。

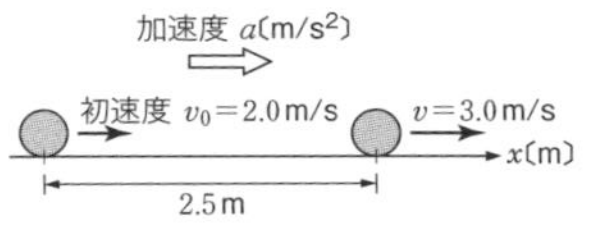


**解法**　移動に要する時間がわからない場合は，

$$v^2-v_0{}^2=2ax$$

の関係式を用いる。加速度を $a$〔m/s$^2$〕として，物体が $x$=2.5 m 進んだときの，速度 $v$=3.0 m/s，初速度 $v_0$=2.0 m/s を式に代入する。

$$(3.0\ \mathrm{m/s})^2-(2.0\ \mathrm{m/s})^2=2\times a\times2.5\ \mathrm{m}$$
$$9.0\ \mathrm{m^2/s^2}-4.0\ \mathrm{m^2/s^2}=5.0\ \mathrm{m}\times a$$
$$a=1.0\ \mathrm{m/s^2}$$

答 **1.0 m/s$^2$**

**1**　例題 1 で，加速したあとの物体の速度が 8.0 m/s になったとする。(　　)内には数値を，〔　　〕内には単位を入れよ。

$v$=(ア 8.0 )〔イ m/s 〕
$v_0$=(ウ 4.0 )〔エ m/s 〕
$a$=(オ 2.0 )〔カ m/s$^2$ 〕より
(キ 8.0 )$^2$−(ク 4.0 )$^2$=2×(ケ 2.0 )×$x$
$x$=12 m

**2**　直線上を 5.0 m/s の速度で運動していた物体が，3.0 m/s$^2$ の一定の加速度で加速した。速度が 7.0 m/s になったとき，物体は何 m 進んでいるか。

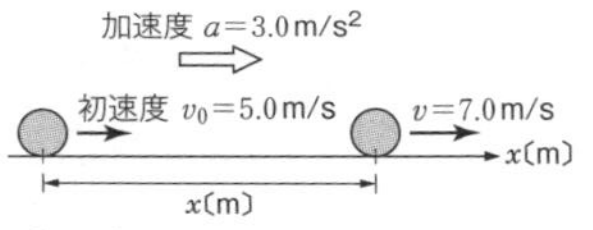


$$v^2-v_0{}^2=2ax$$
$$(7.0\ \mathrm{m/s})^2-(5.0\ \mathrm{m/s})^2=2\times3.0\ \mathrm{m/s^2}\times x$$
$$49-25=6.0\times x$$
$$x=4.0\ \mathrm{m}$$

4.0 m

**3**　例題 2 で，加速したあとの物体の速度が 4.0 m/s になったとする。(　　)内には数値を，〔　　〕内には単位を入れよ。

$x$=(ア 2.5 )〔イ m 〕
$v$=(ウ 4.0 )〔エ m/s 〕
$v_0$=(オ 2.0 )〔カ m/s 〕より
(キ 4.0 )$^2$−(ク 2.0 )$^2$=2×$a$×(ケ 2.5 )
$a$=2.4 m/s$^2$

**4**　直線上を 5.0 m/s の速度で運動していた物体が，一定の加速度で加速し，10 m 進んで速度が 7.0 m/s になった。物体の加速度の大きさを求めよ。

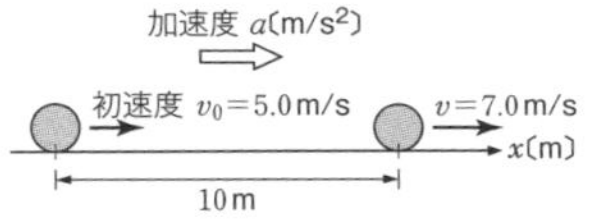


$$v^2-v_0{}^2=2ax$$
$$(7.0\ \mathrm{m/s})^2-(5.0\ \mathrm{m/s})^2=2\times a\times10\ \mathrm{m}$$
$$49-25=20\times a$$
$$a=1.2\ \mathrm{m/s^2}$$

1.2 m/s$^2$

**例題 3　$v-t$ グラフ**

図は，あるエレベータの $v-t$ グラフである。次の問いに答えよ。

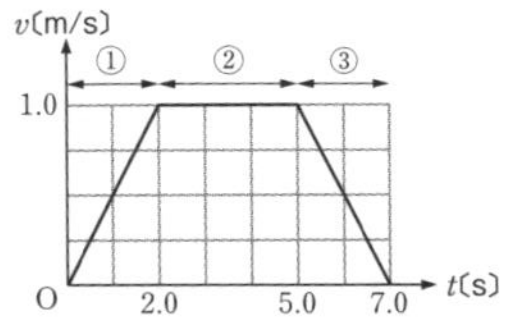


(1) ①の間の加速度 $a_1$ は何 m/s$^2$ か。また，変位 $x_1$ は何 m か。
(2) ②の間の変位 $x_2$ は何 m か。
(3) ③の間の加速度 $a_3$ は何 m/s$^2$ か。また，変位 $x_3$ は何 m か。
(4) エレベータの変位 $x$ は何 m か。

**解法**　(1) $v-t$ グラフの直線の傾きが加速度を表すことから，加速度 $a_1$〔m/s$^2$〕は

$$a_1=\frac{1.0\ \mathrm{m/s}-0\ \mathrm{m/s}}{2.0\ \mathrm{s}-0\ \mathrm{s}}=0.50\ \mathrm{m/s^2}$$

答 **0.50 m/s$^2$**

注　エレベータは加速しているので加速度は正となる。

$v-t$ グラフの囲む面積が変位を表すことから，①の間の三角形の面積から変位 $x_1$〔m〕を求める。

$$x_1=\frac{1}{2}\times(2.0\ \mathrm{s}-0\ \mathrm{s})\times1.0\ \mathrm{m/s}=1.0\ \mathrm{m}$$

答 **1.0 m**

(2) ②の間の長方形の面積が，変位 $x_2$〔m〕となる。

$$x_2=(5.0\ \mathrm{s}-2.0\ \mathrm{s})\times1.0\ \mathrm{m/s}=3.0\ \mathrm{m}$$

答 **3.0 m**

(3) (1)と同様に，$v-t$ グラフの傾きから加速度 $a_3$〔m/s$^2$〕を求める。

$$a_3=\frac{0\ \mathrm{m/s}-1.0\ \mathrm{m/s}}{7.0\ \mathrm{s}-5.0\ \mathrm{s}}=-0.50\ \mathrm{m/s^2}$$

答 **−0.50 m/s$^2$**

注　エレベータは減速しているので加速度は負となる。

③の間の三角形の面積から変位 $x_3$〔m〕を求める。

$$x_3=\frac{1}{2}\times(7.0\ \mathrm{s}-5.0\ \mathrm{s})\times1.0\ \mathrm{m/s}=1.0\ \mathrm{m}$$

答 **1.0 m**

(4) エレベータの変位 $x$〔m〕は，①〜③の変位を合計すればよい。

$$x=x_1+x_2+x_3$$
$$=1.0\ \mathrm{m}+3.0\ \mathrm{m}+1.0\ \mathrm{m}$$
$$=5.0\ \mathrm{m}$$

答 **5.0 m**

**5**　図は，あるエレベータの $v-t$ グラフである。(　　)内に数値を入れよ。

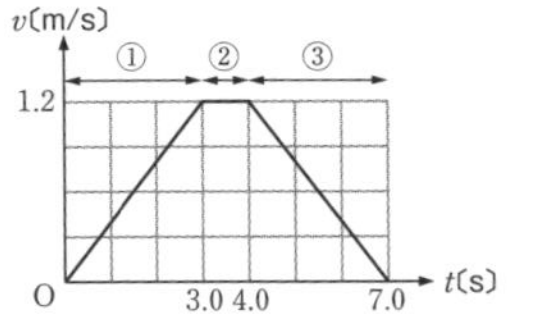


(1) ①の間の加速度 $a_1$ は何 m/s$^2$ か。また，変位 $x_1$ は何 m か。

$a_1=\dfrac{(ア\ 1.2\ )\mathrm{m/s}-(イ\ 0\ )\mathrm{m/s}}{(ウ\ 3.0\ )\mathrm{s}-(エ\ 0\ )\mathrm{s}}$
=0.40 m/s$^2$

$x_1=\dfrac{1}{2}\times$((オ 3.0 )s−(カ 0 )s)×(キ 1.2 )m/s
=1.8 m

(2) ②の間の変位 $x_2$ は何 m か。

$x_2$=((ク 4.0 )s−(ケ 3.0 )s)×(コ 1.2 )m/s
=1.2 m

(3) ③の間の加速度 $a_3$ は何 m/s$^2$ か。また，変位 $x_3$ は何 m か。

$a_3=\dfrac{(サ\ 0\ )\mathrm{m/s}-(シ\ 1.2\ )\mathrm{m/s}}{(ス\ 7.0\ )\mathrm{s}-(セ\ 4.0\ )\mathrm{s}}$
=−0.40 m/s$^2$

$x_3=\dfrac{1}{2}\times$((ソ 7.0 )s−(タ 4.0 )s)×(チ 1.2 )m/s
=1.8 m

(4) エレベータの変位 $x$ は何 m か。

$x=x_1+x_2+x_3$
=(ツ 1.8 )m+(テ 1.2 )m+(ト 1.8 )m
=4.8 m

エレベータの変位は，$v-t$ グラフの台形の面積からも求められる。

$x=\dfrac{1}{2}\times\{(4.0\ \mathrm{s}-3.0\ \mathrm{s})+7.0\ \mathrm{s}\}\times1.2\ \mathrm{m/s}$
（上底）（下底）（高さ）
=4.8 m

# 7 等加速度直線運動③

**例題 1 自由落下運動**

建物の屋上から小球を自由落下させた。重力加速度の大きさを 9.8 m/s$^2$ とする。

(1) 2.0 秒後の小球の速さは何 m/s か。

(2) 2.0 秒後，物体は何 m 落下しているか。

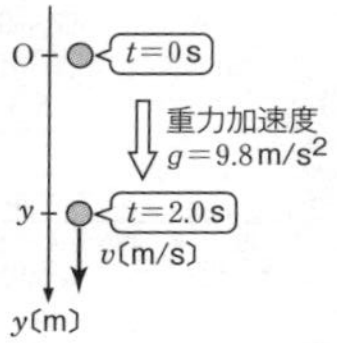


**解法** 物体を初速度 0 で落下させる運動を自由落下運動という。

(1) 重力加速度の大きさを $g$〔m/s$^2$〕とすると，$t$〔s〕後の速さ $v$〔m/s〕は

$$v=gt$$

となる。$g$=9.8 m/s$^2$，$t$=2.0 s を代入して

$$v=9.8\ \mathrm{m/s^2}\times2.0\ \mathrm{s}$$
$$=19.6\ \mathrm{m/s}≒20\ \mathrm{m/s}$$

答 **20 m/s**

(2) 小球が，$t$〔s〕間に落下する距離 $y$〔m〕は

$$y=\frac{1}{2}gt^2$$

となる。$g$=9.8 m/s$^2$，$t$=2.0 s を代入して

$$y=\frac{1}{2}\times9.8\ \mathrm{m/s^2}\times(2.0\ \mathrm{s})^2$$
$$=19.6\ \mathrm{m}≒20\ \mathrm{m}$$

答 **20 m**

**1** 橋の上から小球を自由落下させた。重力加速度の大きさを 9.8 m/s$^2$ として，(　　)内には数値を，〔　　〕内には単位を入れよ。

(1) 4.0 秒後の小球の速さは何 m/s か。

$g$=(ア 9.8 )〔イ m/s$^2$ 〕

$t$=(ウ 4.0 )〔エ s 〕より

$v=gt$

=(オ 9.8 )m/s$^2$×(カ 4.0 )s

=39.2 m/s≒39 m/s

(2) 4.0 秒後，物体は何 m 落下しているか。

$g$=(キ 9.8 )〔ク m/s$^2$ 〕

$t$=(ケ 4.0 )〔コ s 〕より

$y=\frac{1}{2}gt^2$

$=\frac{1}{2}$×(サ 9.8 )m/s$^2$×((シ 4.0 )s)$^2$

=78.4 m≒78 m

**2** 建物の屋上から小球を自由落下させた。重力加速度の大きさを 9.8 m/s$^2$ とする。

(1) 1.0 秒後の小球の速さは何 m/s か。

自由落下の速度の式に代入する。

$v=gt$

=9.8 m/s$^2$×1.0 s

=9.8 m/s

9.8 m/s

(2) 1.0 秒後，物体は何 m 落下しているか。

自由落下の位置の式に代入する。

$y=\frac{1}{2}gt^2$

$=\frac{1}{2}$×9.8 m/s$^2$×(1.0 s)$^2$

=4.9 m

4.9 m

**3** 建物の屋上から小球を自由落下させた。重力加速度の大きさを 9.8 m/s$^2$ とする。

(1) 3.0 秒後の小球の速さは何 m/s か。

自由落下の速度の式に代入する。

$v=gt$

=9.8 m/s$^2$×3.0 s

=29.4 m/s

≒29 m/s

29 m/s

(2) 3.0 秒後，物体は何 m 落下しているか。

自由落下の位置の式に代入する。

$y=\frac{1}{2}gt^2$

$=\frac{1}{2}$×9.8 m/s$^2$×(3.0 s)$^2$

=44.1 m

≒44 m

44 m

**例題 2 鉛直投げ上げ運動**

初速度 29.4 m/s でボールを鉛直に投げ上げた。重力加速度の大きさを 9.8 m/s$^2$ とする。

(1) 2.0 秒後のボールの速さは何 m/s か。

(2) 2.0 秒後のボールの高さは何 m か。

(3) 何秒後に，ボールは最高点に達するか。

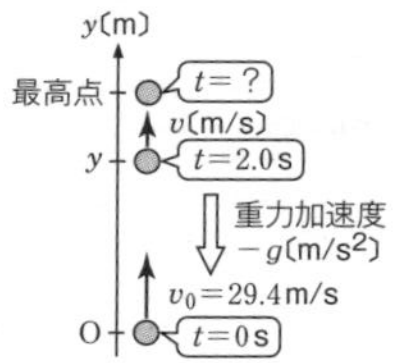


**解法** 真上に投げ上げる運動を鉛直投げ上げ運動という。

(1) 初速度(投げ上げる速度)を $v_0$〔m/s〕，重力加速度の大きさを $g$〔m/s$^2$〕とすると，$t$〔s〕後の速度 $v$〔m/s〕は

$$v=v_0-gt$$

となる。$v_0$=29.4 m/s，$g$=9.8 m/s$^2$，$t$=2.0 s を代入して

$$v=29.4\ \mathrm{m/s}-9.8\ \mathrm{m/s^2}\times2.0\ \mathrm{s}$$
$$=9.8\ \mathrm{m/s}$$

答 **9.8 m/s**

(2) $t$〔s〕後の位置 $y$〔m〕は

$$y=v_0t-\frac{1}{2}gt^2$$

となる。$v_0$=29.4 m/s，$g$=9.8 m/s$^2$，$t$=2.0 s を代入して

$$y=29.4\ \mathrm{m/s}\times2.0\ \mathrm{s}-\frac{1}{2}\times9.8\ \mathrm{m/s^2}\times(2.0\ \mathrm{s})^2$$
$$=39.2\ \mathrm{m}≒39\ \mathrm{m}$$

答 **39 m**

(3) 速度の式 $v=v_0-gt$ から，速度 $v$ が 0 になるときの時間 $t$ を求める。$v$=0 m/s，$v_0$=29.4 m/s，$g$=9.8 m/s$^2$ より

$$0\ \mathrm{m/s}=29.4\ \mathrm{m/s}-9.8\ \mathrm{m/s^2}\times t$$
$$9.8\,t=29.4$$
$$t=3.0\ \mathrm{s}$$

答 **3.0 s 後**

**4** 初速度 19.6 m/s でボールを鉛直に投げ上げた。重力加速度の大きさを 9.8 m/s$^2$ として，(　　)内には数値を，〔　　〕内には単位を入れよ。

(1) 1.0 秒後のボールの速さは何 m/s か。

$v_0$=(ア 19.6 )〔イ m/s 〕

$g$=(ウ 9.8 )〔エ m/s$^2$ 〕

$t$=(オ 1.0 )〔カ s 〕より

$v=v_0-gt$

=(キ 19.6 )m/s

　−(ク 9.8 )m/s$^2$×(ケ 1.0 )s

=9.8 m/s

(2) 1.0 秒後のボールの高さは何 m か。

$v_0$=(コ 19.6 )〔サ m/s 〕

$g$=(シ 9.8 )〔ス m/s$^2$ 〕

$t$=(セ 1.0 )〔ソ s 〕より

$y=v_0t-\frac{1}{2}gt^2$

=(タ 19.6 )m/s×(チ 1.0 )s

　$-\frac{1}{2}$×(ツ 9.8 )m/s$^2$×((テ 1.0 )s)$^2$

=14.7 m≒15 m

(3) 何秒後に，ボールは最高点に達するか。

$v$=(ト 0 )〔ナ m/s 〕

$v_0$=(ニ 19.6 )〔ヌ m/s 〕

$g$=(ネ 9.8 )〔ノ m/s$^2$ 〕より

$v=v_0-gt$

(ハ 0 )m/s

=(ヒ 19.6 )m/s−(フ 9.8 )m/s$^2$×$t$

$t$=2.0 s

2.0 s 後

**5** 初速度 9.8 m/s でボールを鉛直に投げ上げた。重力加速度の大きさを 9.8 m/s$^2$ とする。

(1) 1.0 秒後のボールの速さは何 m/s か。

鉛直投げ上げ運動の速度の式に代入する。

$v=v_0-gt$

=9.8 m/s−9.8 m/s$^2$×1.0 s

=9.8 m/s−9.8 m/s

=0 m/s

計算結果から，1.0 秒後にボールは最高点に到達することがわかる。

0 m/s

(2) 1.0 秒後のボールの高さは何 m か。

鉛直投げ上げ運動の位置の式に代入する。

$y=v_0t-\frac{1}{2}gt^2$

=9.8 m/s×1.0 s$-\frac{1}{2}$×9.8 m/s$^2$×(1.0 s)$^2$

=9.8 m−4.9 m

=4.9 m

計算結果から，最高点の高さは 4.9 m であることがわかる。

4.9 m

 ☑ $g$〔m/s$^2$〕：重力加速度　$g$=9.8 m/s$^2$

鉛直投げ上げ運動の最高点では，物体の速度は 0 になる。 

# 8 力

**例題 1　いろいろな力**
物体が受ける力を図示せよ。

(1) 自由落下中のリンゴ

(2) 机の上に置かれたリンゴ

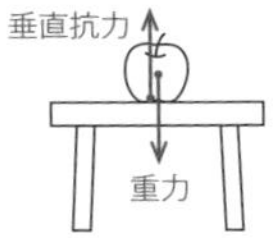


(3) 天井から糸でつるした物体

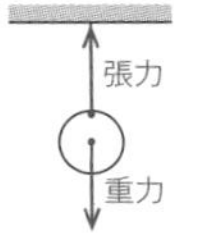


(4) 天井からばねでつるした物体

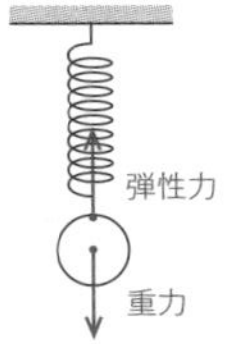


(5) 粗い面の上を運動する，手で引かれた物体

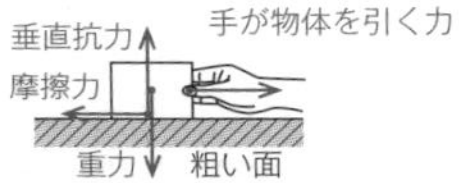


**注意**　物体が受ける摩擦力は運動を妨げる向きに働く。

**解法**　力を図示するときは，
- 指定されている物体だけに注目し，他の物体が受ける力はかかない。
- はじめに，離れている物体から受ける力である遠隔力(重力)を，物体の中心からかく。
- 次に，接している物体から受ける力である接触力をかく。接触力の作用点は，力を受けている物体の中にあり，力を及ぼす物体と接しているところにかく。

**1**　物体が受ける力を図示せよ。

(1) 落下中のボール

(2) 飛行中のボール

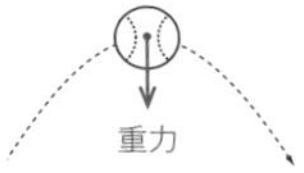


(3) 机の上に置かれたボール

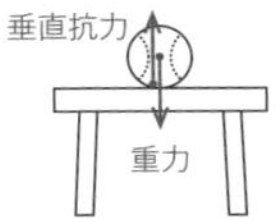


(4) ベース上に置かれたボール

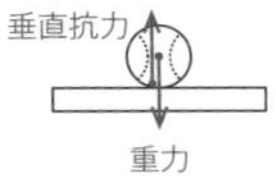


(5) 天井から糸でつるした物体

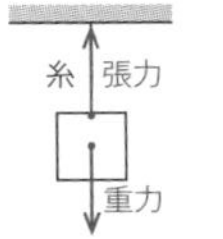


(6) 糸でつながれた物体 A

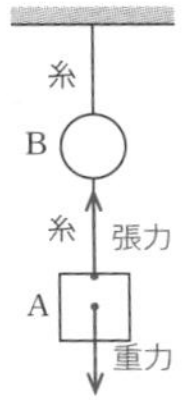


物体Bが受ける力はかかない。

(7) 両端を糸でつながれた物体

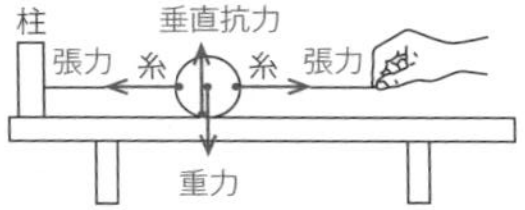


手は物体に力を及ぼしていない。

(8) 天井から斜めの方向に糸でつるした物体

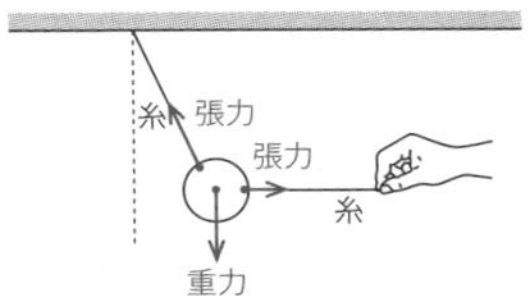


(9) 天井からばねでつるした物体

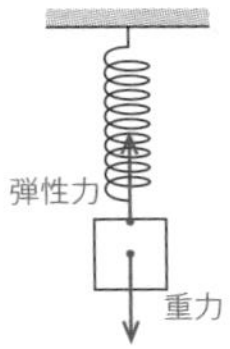


(10) 糸で引っ張っている，伸びたばねにつながれた物体

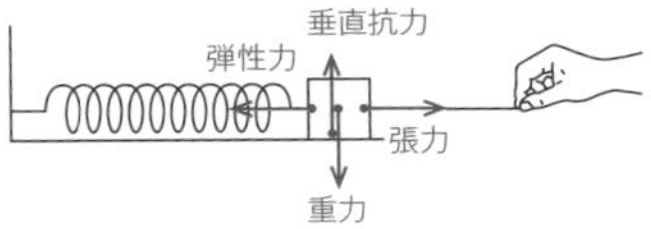


(11) 粗い面の上を運動する，手で押された物体

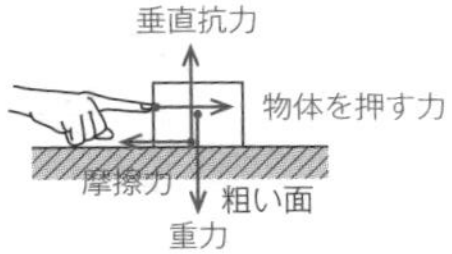


摩擦力の向きは，物体の運動を妨げる向きとなる。

(12) 粗い面の上を運動する，糸で引かれた物体

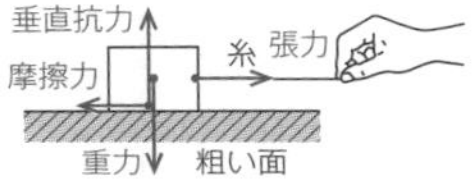


手は物体に力を及ぼしていない。

**例題 2　フックの法則**

ばね定数が 20 N/m のばねに物体をつけ，ばねを自然長から 0.050 m 伸ばした。ばねの弾性力の大きさは何 N か。

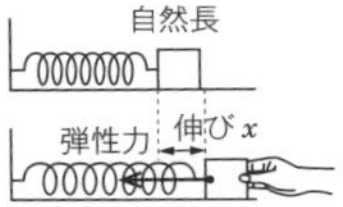


**解法**　変形した物体が元の状態に戻ろうとして他の物体に及ぼす力を弾性力という。ばね定数(ばねの硬さを表す量)を $k$〔N/m〕，伸び(または縮み)を $x$〔m〕とすると，弾性力の大きさ $F$〔N〕は

$$F=kx$$

となる(フックの法則)。

$k=20$ N/m，$x=0.050$ m を代入して

$$F=20\ \text{N/m}\times0.050\ \text{m}=1.0\ \text{N}$$

**答** 1.0 N

**2**　ばね定数 7.0 N/m のばねに物体をつけ，ばねを自然長から 0.20 m 伸ばした。弾性力の大きさは何 N か。(　　)内には数値を，〔　　〕内には単位を入れよ。

$k$＝(ア 7.0 )〔イ N/m 〕

$x$＝(ウ 0.20 )〔エ m 〕より

$F=kx$

＝(オ 7.0 )N/m×(カ 0.20 )m

＝1.4 N

**3**　次の問いに答えよ。

(1) ばね定数 40 N/m のばねに物体をつけ，ばねを自然長から 0.20 m 伸ばした。弾性力の大きさは何 N か。

フックの法則に代入する。

$F=kx$

＝40 N/m×0.20 m

＝8.0 N

8.0 N

(2) ばね定数 24 N/m のばねに物体をつけ，ばねを自然長から 0.030 m 伸ばした。弾性力の大きさは何 N か。

$F=kx$

＝24 N/m×0.030 m

＝0.72 N

0.72 N

# 9 力の合成・分解

**例題 1 力の合成**

次の２力を合成して，合力を図示せよ。(1)，(2)は合力の大きさも求めよ。

(1)
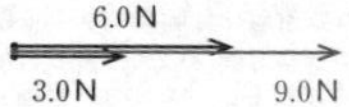


(2)
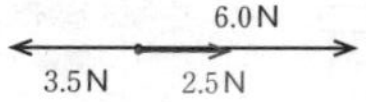


(3)
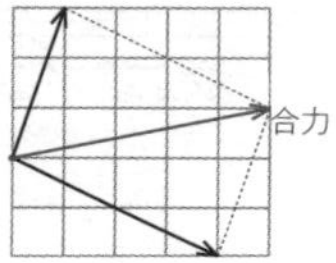


**解法** (1) 一直線上の，同じ向きの２力の合成では，２力の大きさを足す。

6.0 N＋3.0 N＝9.0 N

**答 9.0 N**

(2) 一直線上の，逆向きの２力の合成では，大きな力から小さな力を引く。

6.0 N－3.5 N＝2.5 N

**答 2.5 N**

(3) 一直線上にない２力の合成では，２力を２辺とする平行四辺形をつくり，その対角線を合力とする。

**答 図中の矢印**

**1** 次の２力を合成して，合力を図示せよ。(1)～(3)は合力の大きさも求めよ。

(1)
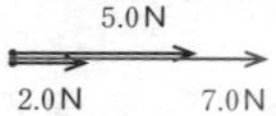


5.0 N＋2.0 N＝7.0 N

7.0 N

(2)
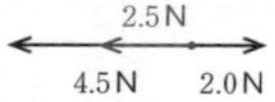


4.5 N－2.0 N＝2.5 N

2.5 N

(3)
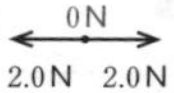


2.0 N－2.0 N＝0 N

0 N

(4)
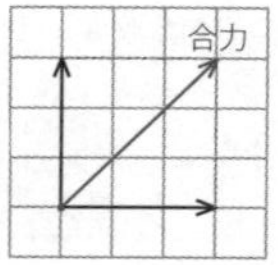


(5)
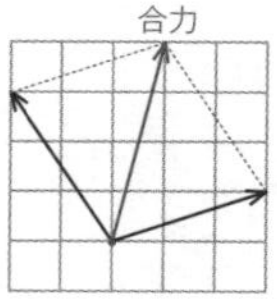


(6)
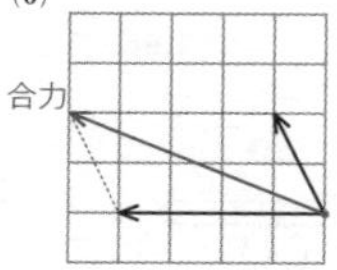


(7)
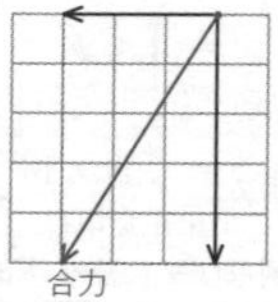


(8)
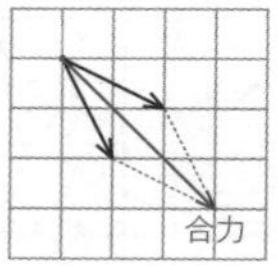


(9)
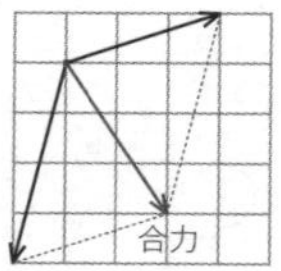


**例題 2 力の分解**

次の力を $x$ 方向，$y$ 方向に分解して分力を図示し，分力の大きさを求めよ。ただし，図の１目盛りの大きさを 1.0 N とする。

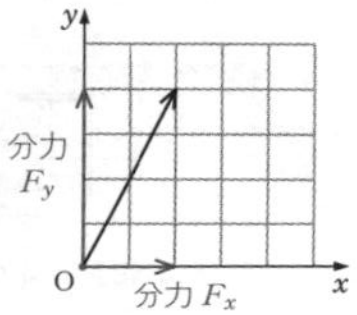


**解法** １つの力を同じ働きをする２つの力にわけることを力の分解といい，分解した力のことを分力という。分解する力が長方形の対角線となるように長方形を作図し，$x$ 軸と $y$ 軸に力を分解し，目盛りの大きさを読む。

**答 $x$ 方向：2.0 N　$y$ 方向：4.0 N**

**2** 次の力を $x$ 方向，$y$ 方向に分解して分力を図示し，分力の大きさを求めよ。ただし，図の１目盛りの大きさを 1.0 N とする。

(1)
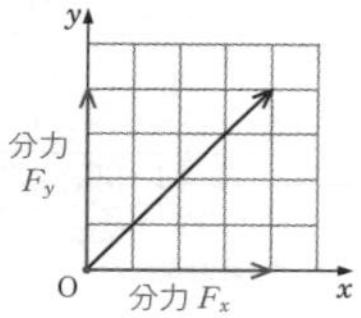


$x$ 方向：4.0 N　$y$ 方向：4.0 N

(2)
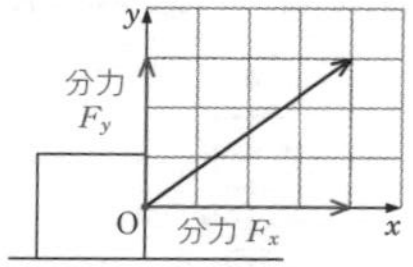


$x$ 方向：4.0 N　$y$ 方向：3.0 N

(3)
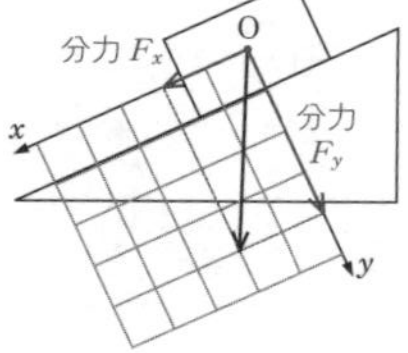


$x$ 方向：2.0 N　$y$ 方向：4.0 N

**例題 3 分力の大きさ**

次の力を $x$ 方向，$y$ 方向に分解して分力を図示し，分力の大きさを求めよ。ただし，$\sqrt{3}=1.7$ とする。

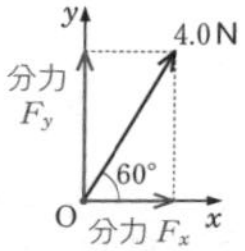


**解法** 分力の大きさは，直角三角形の辺の比の関係を用いて求める。分解する力 4.0 N と分力 $F_x$，$F_y$ は，30° と 60° の直角三角形をつくるので，辺の比 $1:2:\sqrt{3}$ の関係より

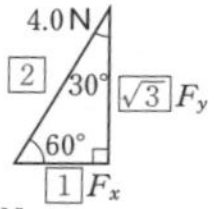


分力 $F_x$ は

4.0 N：$F_x=2:1$

$F_x=2.0$ N

分力 $F_y$ は

4.0 N：$F_y=2:\sqrt{3}$

$F_y=2.0\sqrt{3}$ N＝2.0×1.7 N

＝3.4 N

**答 $x$ 方向：2.0 N　$y$ 方向：3.4 N**

**3** 次の力を $x$ 方向，$y$ 方向に分解して分力を図示し，(　　)内には数値を入れ，分力の大きさを求めよ。ただし，$\sqrt{2}=1.4$ とする。

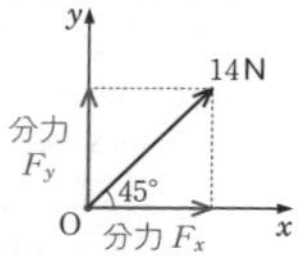


直角三角形の辺の比 1：(ア 1 )：$\sqrt{2}$ の関係より

分力 $F_x$ は　14 N：$F_x=\sqrt{2}$：(イ 1 )

$F_x=10$ N

分力 $F_y$ は　14 N：$F_y$＝(ウ $\sqrt{2}$ )：1

$F_y=10$ N

**4** 例題３で，力の大きさが 10 N のとき，$x$ 方向と $y$ 方向の分力の大きさを求めよ。

分力 $F_x$ は

10 N：$F_x=2:1$　$F_x=5.0$ N

分力 $F_y$ は

10 N：$F_y=2:\sqrt{3}$

$F_y=5.0\sqrt{3}$ N＝5.0×1.7 N

＝8.5 N

$x$ 方向：5.0 N　$y$ 方向：8.5 N

# 10 力のつりあい

**例題 1　一直線上の2力のつりあい**

机の上にあるリンゴが受ける力を，大きさを考えて図示せよ。

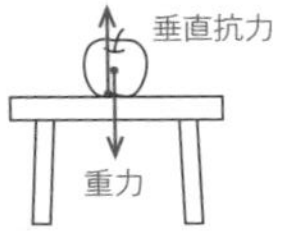


**解法**　リンゴが受けている重力と垂直抗力は，つりあっている。2力がつりあっているとき，2力の大きさは等しく，逆向きであり，同じ作用線上にある。重力と垂直抗力を同じ大きさで，同じ作用線上にかく。

答　図中の矢印

**1**　物体が受ける力を，大きさを考えて図示せよ。

(1) ベースの上にあるボール

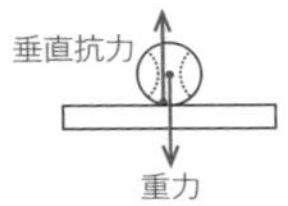


(2) 台の上にある本

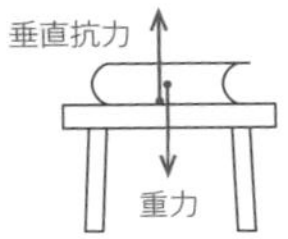


(3) 天井からひもでつるされた物体

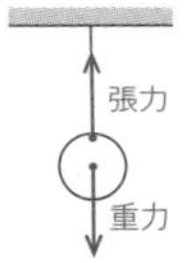


(4) 天井からばねでつるされた物体

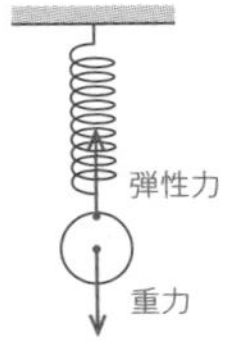


**例題 2　一直線上の3力のつりあい**

物体Aの上に物体Bを置く。物体Aが受ける重力の大きさが5.0 N，物体Bが物体Aを押す力の大きさが3.0 Nのとき，物体Aが受ける垂直抗力$N$〔N〕の大きさを求めよ。また，物体Aが受ける力を，大きさを考えて図示せよ。

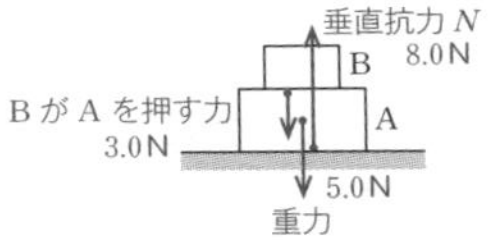


**解法**　物体Aが受ける力は，下向きに重力，下向きにBがAを押す力，上向きに垂直抗力$N$である。3力はつりあっているので，下向きの2力の合力と上向きの垂直抗力は同じ大きさになる。

$N=5.0\ \mathrm{N}+3.0\ \mathrm{N}=8.0\ \mathrm{N}$

答　8.0 N　図中の矢印

**2**　机の上の物体が受ける重力の大きさが4.0 Nのとき，物体が受ける垂直抗力$N$〔N〕の大きさを求めよ。また，物体が受ける力を，大きさを考えて図示せよ。

(1) リンゴが物体を押す力の大きさが2.0 Nのとき

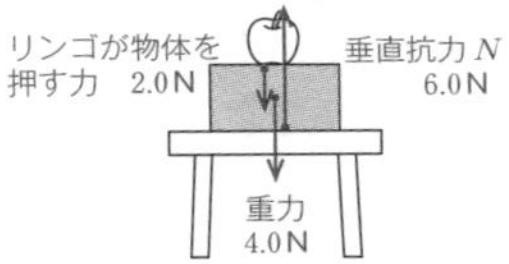


3力がつりあうことから，垂直抗力$N$は，物体が受ける重力の大きさとリンゴが物体を押す力の大きさの和となる。

$N=4.0\ \mathrm{N}+2.0\ \mathrm{N}=6.0\ \mathrm{N}$　　6.0 N

(2) 本が物体を押す力の大きさが1.5 Nのとき

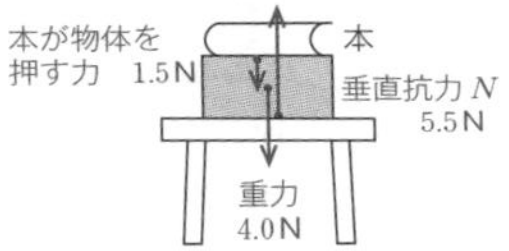


垂直抗力$N$は

$N=4.0\ \mathrm{N}+1.5\ \mathrm{N}=5.5\ \mathrm{N}$　　5.5 N

**例題 3　平面内の力のつりあい**

物体に2本の糸A，Bをつけ，図のように固定した。糸Bによる張力$T$〔N〕の分力$T_x$〔N〕，$T_y$〔N〕がそれぞれ14 Nのとき，次の問いに答えよ。

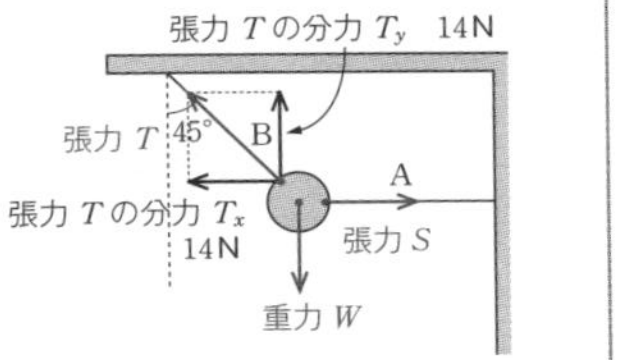


(1) 物体が受ける重力$W$〔N〕，糸Aによる張力$S$〔N〕，糸Bによる張力$T$を図中にかけ。

(2) 水平方向について力のつりあいの式を立て，張力$S$の大きさを求めよ。

(3) 鉛直方向について，力のつりあいの式を立て，重力$W$の大きさを求めよ。

**解法**　物体は，重力$W$，糸Aによる張力$S$，糸Bによる張力$T$の3力を受け，3力はつりあっている。平面内での3力がつりあう場合は，力を水平方向($x$方向)と鉛直方向($y$方向)に分解すると，それぞれの方向で力のつりあいがなりたつ。

(1) 重力は，物体の中心から下向きに，張力$T$の分力$T_y$と同じ大きさでかく。張力$S$は，物体の内側で糸と接触する点から右向きに，張力$T$の分力$T_x$と同じ大きさでかく。張力$T$は，2つの分力$T_x$と$T_y$を平行四辺形の法則で合成する。

答　図中の矢印

(2) 物体が受ける水平方向($x$方向)の力は，張力$S$と張力$T$の分力$T_x$である。この2力はつりあっているので，力のつりあいの式は，右向きを正にすると

$S-T_x=0$

この式に$T_x=14\ \mathrm{N}$を代入して

$S-14\ \mathrm{N}=0\ \mathrm{N}$　$S=14\ \mathrm{N}$

答　14 N

(3) 物体が受ける鉛直方向($y$方向)の力は，重力$W$と張力$T$の分力$T_y$である。この2力はつりあっているので，力のつりあいの式は，上向きを正にすると

$T_y-W=0$

この式に$T_y=14\ \mathrm{N}$を代入して

$14\ \mathrm{N}-W=0\ \mathrm{N}$　$W=14\ \mathrm{N}$

答　14 N

**3**　物体に2本の糸A，Bをつけ，図のように固定した。糸Bによる張力$T$〔N〕の分力$T_x$〔N〕は10 N，分力$T_y$〔N〕は17 Nである。(　)内には数値を，〔　〕内には単位を入れよ。

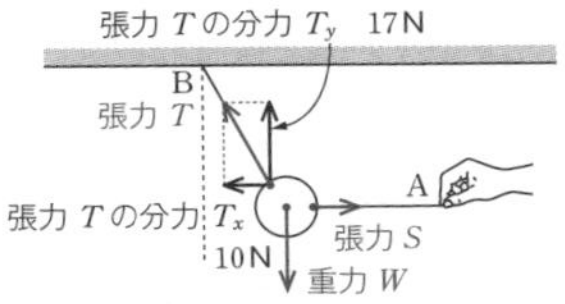


(1) 物体が受ける重力$W$〔N〕，糸Aによる張力$S$〔N〕，糸Bによる張力$T$を図中にかけ。

(2) 水平方向について，右向きを正にして力のつりあいの式を立て，張力$S$の大きさを求めよ。

(ア S ) $-T_x=0$

この式に $T_x=$(イ 10 )〔ウ N 〕を代入して

(エ S ) $-$ (オ 10 ) N $=0$ N　よって　$S=10$ N

(3) 鉛直方向について，上向きを正にして力のつりあいの式を立て，重力$W$の大きさを求めよ。

$T_y-$(カ W ) $=0$

この式に $T_y=$(キ 17 )〔ク N 〕を代入して

(ケ 17 ) N $-$ (コ W ) $=0$ N　よって　$W=17$ N

**4**　例題3で，糸Bによる張力$T$〔N〕の分力$T_x$〔N〕，$T_y$〔N〕がそれぞれ10 Nのとき，次の問いに答えよ。

(1) 水平方向について，右向きを正にして力のつりあいの式を立て，糸Aによる張力$S$の大きさを求めよ。

力のつりあいの式$S-T_x=0$に

$T_x=10\ \mathrm{N}$を代入して

$S-10\ \mathrm{N}=0\ \mathrm{N}$　$S=10\ \mathrm{N}$

10 N

(2) 鉛直方向について，上向きを正にして力のつりあいの式を立て，重力$W$の大きさを求めよ。

力のつりあいの式$T_y-W=0$に

$T_y=10\ \mathrm{N}$を代入して

$10\ \mathrm{N}-W=0\ \mathrm{N}$　$W=10\ \mathrm{N}$

10 N

# 11 作用反作用

**例題 1 作用と反作用**

手がばねを引く力を作用とすると，反作用はどのような力か。その力を図示せよ。

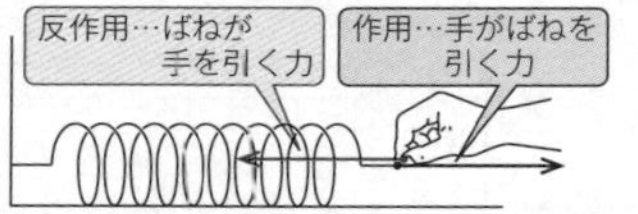


**解法** 物体Aが物体Bに力(作用)を及ぼすと，物体Bは物体Aに力(反作用)を及ぼし返す。その2力は，大きさが等しく，逆向きで，同一作用線上にある。これを作用反作用の法則という。

手がばねに力を及ぼすと，ばねは手に力を及ぼし返す。

作　用：手がばねを引く力
主語と目的語を入れ替える
反作用：ばねが手を引く力

反作用は，作用と同じ力の大きさで，力の作用点を手にして，逆向きの矢印を引く。

答 **ばねが手を引く力　図中の矢印**

**1** 次の(　　)に適切な語句を入れ，作用を実線の矢印⟶で，反作用を破線の矢印⋯▶で図示せよ。

(1) 作　用：人が物体を押す力
反作用：(ア 物体 )が(イ 人 )を押す力

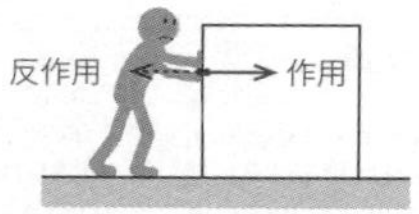


(2) 作　用：物体が机を押す力
反作用：(ウ 机 )が(エ 物体 )を押す力

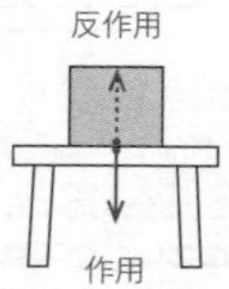


反作用は垂直抗力

(3) 作　用：人が地面を押す力
反作用：(オ 地面 )が(カ 人 )を押す力

人は反作用を利用して走る。

(4) 作　用：糸が物体を引く力(張力)
反作用：(キ 物体 )が(ク 糸 )を引く力

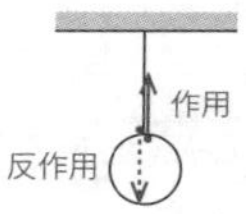


作用と反作用の作用点の位置に気をつける。

(5) 作　用：ボールが地球から受ける力(重力)
反作用：(ケ 地球 )が(コ ボール )から受ける力

重力にも反作用がある。

(6) 作　用：ロケットがガスを押す力
反作用：(サ ガス )が(シ ロケット )を押す力

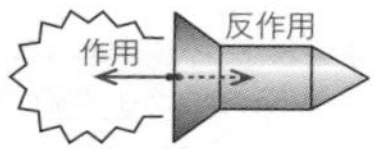


ロケットは，反作用を利用して飛ぶ。

**例題 2 作用反作用と力のつりあい**

床の上に物体が置かれている。次の問いに答えよ。

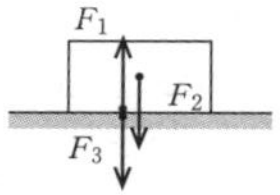


(1) $F_1$～$F_3$ の力は，何が何から受ける力か。
(2) 作用反作用の関係にある2力は，どれとどれか。
(3) つりあいの関係にある2力は，どれとどれか。

**解法** (1) 答 $F_1$：**物体が床から受ける力**
$F_2$：**物体が地球から受ける力**
$F_3$：**床が物体から受ける力**

(2) 作用反作用は，2つの物体が及ぼしあう2力の関係を考える。物体と床が，互いに力を及ぼしあっているのは $F_1$ と $F_3$。

答 $F_1$ と $F_3$

(3) つりあいの2力は，1つの物体に働く2力の関係を考える。物体が受ける $F_1$ と $F_2$ の2力がつりあいの関係にある。

答 $F_1$ と $F_2$

**2** 本の上にボールが置かれている。(　　)内に適する語句や力を入れよ。

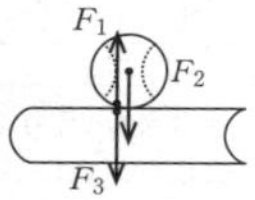


(1) $F_1$～$F_3$ の力は，何が何から受ける力か。
$F_1$：(ア ボール )が(イ 本 )から受ける力
$F_2$：(ウ ボール )が(エ 地球 )から受ける力
$F_3$：(オ 本 )が(カ ボール )から受ける力

(2) 作用反作用の関係にある2力は，
(キ $F_1$ )と(ク $F_3$ )。

(3) つりあいの関係にある2力は，
(ケ $F_1$ )と(コ $F_2$ )。

**3** 天井からひもで物体をつるしている。(　　)内に適する語句や力を入れよ。

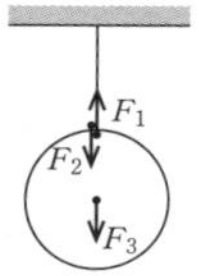


(1) $F_1$～$F_3$ の力は，何が何から受ける力か。
$F_1$：(ア 物体 )が(イ ひも )から受ける力
$F_2$：(ウ ひも )が(エ 物体 )から受ける力
$F_3$：(オ 物体 )が(カ 地球 )から受ける力

(2) 作用反作用の関係にある2力は，
(キ $F_1$ )と(ク $F_2$ )。

(3) つりあいの関係にある2力は，
(ケ $F_1$ )と(コ $F_3$ )。

**4** 天井から物体AとBをひもでつるしている。(　　)内に適する語句や力を入れよ。

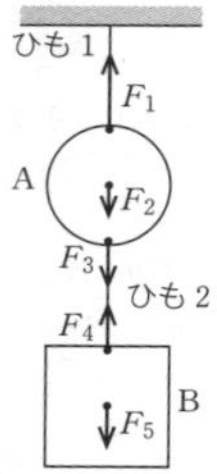


(1) $F_1$～$F_5$ の力は，何が何から受ける力か。
$F_1$：(ア A )が(イ ひも1 )から受ける力
$F_2$：(ウ A )が(エ 地球 )から受ける力
$F_3$：(オ A )が(カ ひも2 )から受ける力
$F_4$：(キ B )が(ク ひも2 )から受ける力
$F_5$：(ケ B )が(コ 地球 )から受ける力

(2) つりあいの関係にある力は，
{(サ $F_1$ )と(シ $F_2$ )と(ス $F_3$ )
{(セ $F_4$ )と(ソ $F_5$ )

(3) $F_4$ の反作用は，(タ ひも2 )が(チ B )から受ける力である。

# 12 運動方程式・重力

**例題 1　運動方程式**

次の問いに答えよ。

(1) 質量 8.0 kg の物体に 16 N の力を加えた。物体に生じる加速度の大きさは何 $m/s^2$ か。

(2) 質量 4.0 kg の物体に一定の力を加えたところ，0.30 $m/s^2$ の加速度が生じた。加えた力の大きさは何 N か。

(3) 物体に 3.6 N の力を加えたところ，1.2 $m/s^2$ の加速度が生じた。この物体の質量は何 kg か。

**解法**　質量 $m$〔kg〕の物体に $a$〔$m/s^2$〕の加速度を生じさせる力は，$F$〔N〕の合力である。

質量 $m$〔kg〕　加速度 $a$〔$m/s^2$〕

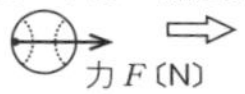

力 $F$〔N〕

これを表した式

$ma=F$

を運動方程式という。加速度の向きは合力の向きとなる。

(1) $m=8.0$ kg，$F=16$ N を運動方程式に代入して

$8.0\ kg \times a=16\ N$

$a=2.0\ m/s^2$

答 **2.0 $m/s^2$**

(2) $m=4.0$ kg，$a=0.30\ m/s^2$ を運動方程式に代入して

$4.0\ kg \times 0.30\ m/s^2=F$

$F=1.2$ N

答 **1.2 N**

(3) $F=3.6$ N，$a=1.2\ m/s^2$ を運動方程式に代入して

$m \times 1.2\ m/s^2=3.6\ N$

$m=3.0$ kg

答 **3.0 kg**

**1** (　)内には数値を，〔　〕内には単位を入れよ。

(1) 質量 3.0 kg の物体に 12 N の力を加えた。物体に生じる加速度の大きさは何 $m/s^2$ か。

$m=$(ア 3.0)〔イ kg〕

$F=$(ウ 12)〔エ N〕を

$ma=F$ に代入する。

(オ 3.0) kg × $a$ = (カ 12) N

$a=4.0\ m/s^2$

(2) 質量 5.0 kg の物体に一定の力を加えたところ，0.40 $m/s^2$ の加速度が生じた。加えた力の大きさは何 N か。

$m=$(キ 5.0)〔ク kg〕

$a=$(ケ 0.40)〔コ $m/s^2$〕を

$ma=F$ に代入する。

(サ 5.0) kg × (シ 0.40) $m/s^2=F$

$F=2.0$ N

(3) 物体に 80 N の力を加えたところ，1.6 $m/s^2$ の加速度が生じた。この物体の質量は何 kg か。

$F=$(ス 80)〔セ N〕

$a=$(ソ 1.6)〔タ $m/s^2$〕を

$ma=F$ に代入する。

$m \times$ (チ 1.6) $m/s^2=$ (ツ 80) N

$m=50$ kg

**2** 次の問いに答えよ。

(1) 質量 25 kg の物体に 50 N の力を加えた。物体に生じる加速度の大きさは何 $m/s^2$ か。

運動方程式 $ma=F$ に代入する。

$25\ kg \times a=50\ N$

$a=2.0\ m/s^2$

2.0 $m/s^2$

(2) 質量 15 kg の物体に一定の力を加えたところ，0.30 $m/s^2$ の加速度が生じた。加えた力の大きさは何 N か。

運動方程式 $ma=F$ に代入する。

$15\ kg \times 0.30\ m/s^2=F$

$F=4.5$ N

4.5 N

(3) 物体に 4.8 N の力を加えたところ，0.24 $m/s^2$ の加速度が生じた。この物体の質量は何 kg か。

運動方程式 $ma=F$ に代入する。

$m \times 0.24\ m/s^2=4.8\ N$

$m=20$ kg

20 kg

**例題 2　重力と重さ**

質量 0.10 kg のリンゴがある。重力加速度の大きさを 9.8 $m/s^2$ として，次の問いに答えよ。

(1) リンゴが受ける重力の大きさは何 N か。

(2) リンゴの重さはいくらか。

**解法**　物体が受ける重力 $W$〔N〕の大きさは，質量を $m$〔kg〕，重力加速度の大きさを $g$〔$m/s^2$〕とすると，運動方程式から

$mg=W$　となる。

重力 $W$〔N〕

(1) $m=0.10$ kg，$g=9.8\ m/s^2$ を代入して

$0.10\ kg \times 9.8\ m/s^2=W$

$W=0.98$ N

答 **0.98 N**

(2) 重力の大きさを重さという。(1)の結果より，重さは 0.98 N となる。

答 **0.98 N**

**3** 質量 2.0 kg の物体がある。重力加速度の大きさを 9.8 $m/s^2$ として，(　)内には数値を，〔　〕内には単位を入れよ。

(1) この物体が受ける重力の大きさは何 N か。

$m=$(ア 2.0)〔イ kg〕

$g=$(ウ 9.8)〔エ $m/s^2$〕を

$mg=W$ に代入して

(オ 2.0) kg × (カ 9.8) $m/s^2=W$

$W=19.6\ N≒20\ N$

(2) この物体の重さはいくらか。

(1)の結果より，重さは(キ 20)〔ク N〕

**4** 質量 1.0 kg の物体がある。重力加速度の大きさを 9.8 $m/s^2$ として，次の問いに答えよ。

(1) この物体が受ける重力の大きさは何 N か。

$mg=W$ に代入して

$1.0\ kg \times 9.8\ m/s^2=W$

$W=9.8$ N

9.8 N

(2) この物体の重さはいくらか。

(1)の結果より，重さは 9.8 N

9.8 N

**5** 質量 5.0 kg の物体がある。この物体が受ける重力の大きさは何 N か。ただし，重力加速度の大きさを 9.8 $m/s^2$ とする。

$mg=W$ に代入して

$5.0\ kg \times 9.8\ m/s^2=W$

$W=49$ N

49 N

**例題 3　重力と質量**

ある物体が受ける重力の大きさが 49 N のとき，物体の質量は何 kg か。ただし，重力加速度の大きさを 9.8 $m/s^2$ とする。

**解法**　物体の質量を $m$〔kg〕，重力の大きさを $W=49$ N，重力加速度の大きさを $g=9.8\ m/s^2$ として，運動方程式 $mg=W$ に代入する。

$m \times 9.8\ m/s^2=49\ N$

$m=5.0$ kg

答 **5.0 kg**

**6** ある物体が受ける重力の大きさが 98 N のとき，物体の質量は何 kg か。重力加速度の大きさを 9.8 $m/s^2$ として，(　)内には数値を，〔　〕内には単位を入れよ。

$W=$(ア 98)〔イ N〕，$g=$(ウ 9.8)〔エ $m/s^2$〕を

$mg=W$ に代入して

$m \times$ (オ 9.8) $m/s^2=$ (カ 98) N

$m=10$ kg

**7** 次の物体の質量は何 kg か。ただし，重力加速度の大きさを 9.8 $m/s^2$ とする。

(1) 物体が受ける重力の大きさが 4.9 N のとき

$mg=W$ に代入して

$m \times 9.8\ m/s^2=4.9\ N$

$m=0.50$ kg

0.50 kg

(2) 物体が受ける重力の大きさが 196 N のとき

$m \times 9.8\ m/s^2=196\ N$

$m=20$ kg

20 kg

(3) 物体が受ける重力の大きさが 29.4 N のとき

$m \times 9.8\ m/s^2=29.4\ N$

$m=3.0$ kg

3.0 kg

(4) 物体が受ける重力の大きさが 392 N のとき

$m \times 9.8\ m/s^2=392\ N$

$m=40$ kg

40 kg



☑ $F$〔N〕：力　$m$〔kg〕：質量　$a$〔$m/s^2$〕：加速度

重さは，重力の大きさのことである。

# 13 いろいろな力

例題 1 静止摩擦力

重力の大きさが 9.8 N の物体が粗い水平面上にある。静止摩擦係数は 0.50 である。次の問いに答えよ。

(1) この物体を 3.0 N の力で押したところ，物体は動かなかった。静止摩擦力を図示せよ。また，このときの静止摩擦力は何 N か。

(2) 物体を押す力を大きくしていったところ，物体は動き出した。最大摩擦力は何 N か。

解法 (1) 物体を押す力と静止摩擦力はつりあっているので，3.0 N。同じ長さで逆向きの矢印を，物体の内側の面に接するところにかく。

答 3.0 N 図中の矢印

(2) 物体が動き出す直前の摩擦力である最大摩擦力 $f_0$[N]は，物体が受ける垂直抗力を $N$[N]，静止摩擦係数を $\mu$(ミュー)とすると

$$f_0=\mu N$$

となる。

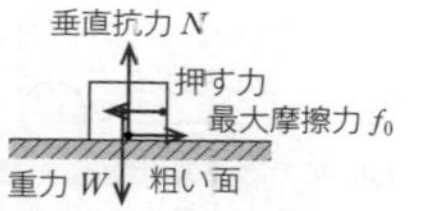


物体が受ける垂直抗力 $N$ は，物体が受ける重力 $W$ と等しいので 9.8 N である。$N$=9.8 N，$\mu$=0.50 を代入して

$$f_0=\mu N=0.50\times9.8\ \text{N}=4.9\ \text{N}$$

答 4.9 N

**1** 重力の大きさが 40 N の物体が粗い水平面上にある。静止摩擦係数は 0.40 である。(　)内には数値を，〔　〕内には単位を入れよ。

(1) この物体を 12 N の力で押したところ，物体は動かなかった。静止摩擦力を図示せよ。また，このときの静止摩擦力は何 N か。

静止摩擦力(ア 12 )〔イ N 〕

(2) 物体を押す力を大きくしていったところ，物体は動き出した。最大摩擦力は何 N か。

$\mu$=(ウ 0.40 )

$N$=(エ 40 )〔オ N 〕より

$f_0=\mu N$

=(カ 0.40 )×(キ 40 )N

=16 N

**2** 重力の大きさが 20 N の物体が粗い水平面上にある。静止摩擦係数は 0.50 である。次の問いに答えよ。

(1) この物体を 7.0 N の力で押したところ，物体は動かなかった。静止摩擦力を図示せよ。また，このときの静止摩擦力は何 N か。

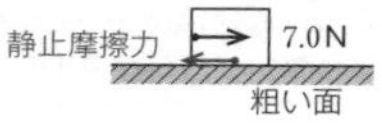


静止摩擦力と押す力 7.0 N はつりあっている。

7.0 N

(2) 物体を押す力を大きくしていったところ，物体は動き出した。最大摩擦力は何 N か。

最大摩擦力の式に代入する。

$f_0=\mu N$

=0.50×20 N

=10 N

10 N

**3** 重力の大きさが 10 N の物体が粗い水平面上にあるとき，最大摩擦力は何 N か。

(1) 静止摩擦係数が 0.50 のとき

$f_0=\mu N$

=0.50×10 N

=5.0 N

5.0 N

(2) 静止摩擦係数が 0.35 のとき

$f_0=\mu N$

=0.35×10 N

=3.5 N

3.5 N

例題 2 動摩擦力

重力の大きさが 10 N の物体が粗い水平面上を運動している。動摩擦係数が 0.40 のとき，動摩擦力は何 N か。

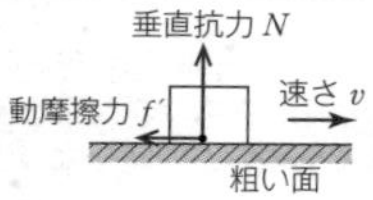


解法 運動している物体が受ける摩擦力を動摩擦力という。動摩擦力 $f'$[N]は，動摩擦係数を $\mu'$，垂直抗力を $N$[N]とすると

$$f'=\mu'N$$

となる。物体が受ける垂直抗力 $N$ は，物体が受ける重力と等しいので 10 N である。

$N$=10 N，$\mu'$=0.40 を代入して

$f'=\mu'N=0.40\times10\ \text{N}=4.0\ \text{N}$

答 4.0 N

**4** 重力の大きさが 30 N の物体が粗い水平面上を運動している。(　)内には数値を，〔　〕内には単位を入れよ。

(1) 動摩擦係数が 0.50 のとき，動摩擦力は何 N か。

$\mu'$=(ア 0.50 )，$N$=(イ 30 )〔ウ N 〕より

$f'=\mu'N$

=(エ 0.50 )×(オ 30 )N

=15 N

(2) 動摩擦力が 12 N のとき，動摩擦係数はいくらか。

$f'$=(カ 12 )〔キ N 〕，$N$=(ク 30 )〔ケ N 〕を

$f'=\mu'N$ に代入して

(コ 12 )N=$\mu'$×(サ 30 )N

$\mu'$=0.40

**5** 重力の大きさが 25 N の物体が粗い水平面上を運動しているとき，次の問いに答えよ。

(1) 動摩擦係数が 0.40 のとき，動摩擦力は何 N か。

$f'=\mu'N$

=0.40×25 N

=10 N

10 N

(2) 動摩擦力が 7.5 N のとき，動摩擦係数はいくらか。

$f'=\mu'N$ より

7.5 N=$\mu'$×25 N

$\mu'$=0.30

0.30

例題 3 圧力

重力の大きさが 2.0 N の直方体の物体をスポンジの上に置く。物体の面 A を下にして置く場合，スポンジが受ける圧力は何 Pa か。

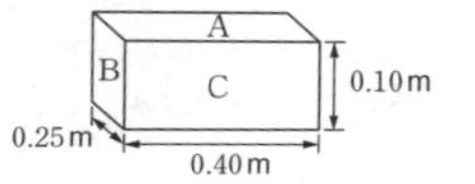


解法 1 m² あたりの面積を垂直に押す力の大きさを圧力といい，面を垂直に押す力を $F$[N]，面積を $S$[m²]とすると，圧力 $P$[Pa]は

$$P=\frac{F}{S}$$

となる。面を押す力 $F$ は重力の大きさと等しいので，$F$=2.0 N，面 A の面積 $S$ は 0.25 m×0.40 m で表される。

$$P=\frac{2.0\ \text{N}}{0.25\ \text{m}\times0.40\ \text{m}}=20\ \text{Pa}$$

答 20 Pa

**6** 例題 3 で，面 B を下にして置く場合のスポンジが受ける圧力は何 Pa か。(　)内には数値を，〔　〕内には単位を入れよ。

$F$=(ア 2.0 )〔イ N 〕

$S$=0.25 m×(ウ 0.10 )m より

$$P=\frac{F}{S}=\frac{(エ\ 2.0\ )\text{N}}{0.25\ \text{m}\times(オ\ 0.10\ )\text{m}}=\frac{2.0\ \text{N}}{0.025\ \text{m}^2}$$

=80 Pa

**7** 例題 3 で，面 C を下にして置く場合のスポンジが受ける圧力は何 Pa か。

$$P=\frac{F}{S}=\frac{2.0\ \text{N}}{0.40\ \text{m}\times0.10\ \text{m}}=\frac{2.0\ \text{N}}{0.040\ \text{m}^2}$$

=50 Pa

50 Pa

**8** 例題 3 で，同じ物体を縦に 2 つ重ねるとき，面 A を下にした場合のスポンジが受ける圧力は何 Pa か。

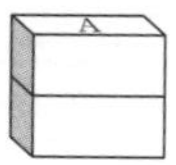


圧力の式に，面が受ける力を 2 倍にして代入する。

$$P=\frac{F}{S}=\frac{2.0\ \text{N}\times2}{0.25\ \text{m}\times0.40\ \text{m}}$$

=40 Pa

40 Pa


☑ $f_0$[N]：最大摩擦力　$\mu$：静止摩擦係数　$f'$[N]：動摩擦力　$\mu'$：動摩擦係数

☑ $P$[Pa]：圧力　$S$[m²]：面積

# 14 運動方程式の立て方①

**例題 1 鉛直方向の運動(静止状態)**

図のように，質量 2.0 kg の物体にひもをつけた。重力加速度の大きさを 9.8 m/s² として，次の問いに答えよ。

(1) 物体が受ける重力の大きさ $W$ は何 N か。

(2) 物体が静止しているとき，物体が受ける張力の大きさ $T$ は何 N か。

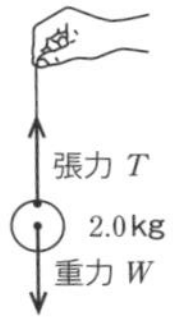


**解法** (1) 重力 $W=mg$ に $m=2.0$ kg，$g=9.8\ \mathrm{m/s^2}$ を代入する。

$W=2.0\ \mathrm{kg}\times9.8\ \mathrm{m/s^2}=19.6\ \mathrm{N}\fallingdotseq20\ \mathrm{N}$

答 20 N

(2) 物体が受けている張力 $T$ と重力 $W$ はつりあっている。つりあいの式 $T=W$ より

$T=W=20$ N

答 20 N

**1** 例題 1 で，物体の質量が 0.50 kg のとき，重力加速度の大きさを 9.8 m/s² として，(　)内には数値を，〔　〕内には単位を入れよ。

(1) 物体が受ける重力の大きさ $W$ は何 N か。

$m=$(ア 0.50 )〔イ kg 〕

$g=$(ウ 9.8 )〔エ m/s² 〕より

$W=mg$

$=$(オ 0.50 )kg×(カ 9.8 )m/s²

$=4.9$ N

(2) 物体が静止しているとき，物体が受ける張力の大きさ $T$ は何 N か。

$W=$(キ 4.9 )〔ク N 〕より

$T=W=4.9$ N

**2** 例題 1 で，物体の質量が 1.0 kg のとき，重力加速度の大きさを 9.8 m/s² として，次の問いに答えよ。

(1) 物体が受ける重力の大きさ $W$ は何 N か。

$W=mg$

$=1.0\ \mathrm{kg}\times9.8\ \mathrm{m/s^2}$

$=9.8$ N

9.8 N

(2) 物体が静止しているとき，物体が受ける張力の大きさ $T$ は何 N か。

張力 $T$ と重力 $W$ はつりあっているので

$T=W=9.8$ N

9.8 N

**例題 2 鉛直方向の運動(等速直線運動)**

図のように，質量 2.0 kg の物体にひもをつけた。物体が等速直線運動をしているとき，物体が受ける張力の大きさ $T$ は何 N か。ただし，重力加速度の大きさを 9.8 m/s² とする。

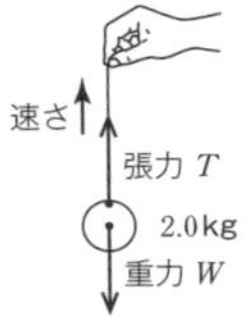


**解法** 物体は等速直線運動をしているので，加速度は 0 m/s² となる。よって，運動方程式 $ma=F$ より，物体が受ける合力は 0 N である。物体が受けている張力 $T$ と重力 $W$ はつりあっている。例題 1 と同様に $T=W$ より

$T=W=mg$

$=2.0\ \mathrm{kg}\times9.8\ \mathrm{m/s^2}=19.6\ \mathrm{N}\fallingdotseq20\ \mathrm{N}$

答 20 N

**3** 例題 2 で，物体の質量が 0.50 kg のとき，物体が受ける張力の大きさ $T$ は何 N か。重力加速度の大きさを 9.8 m/s² として，(　)内には数値を，〔　〕内には単位を入れよ。重力の大きさを $W$ としてつりあいの式に代入する。

$m=$(ア 0.50 )〔イ kg 〕

$g=$(ウ 9.8 )〔エ m/s² 〕より

$T=W=mg$

$=$(オ 0.50 )kg×(カ 9.8 )m/s²

$=4.9$ N

**4** 例題 2 で，次の場合について，物体が受ける張力の大きさ $T$ は何 N か。ただし，重力加速度の大きさを 9.8 m/s² とする。

(1) 物体の質量が 1.0 kg のとき

重力の大きさを $W$ とし，つりあいの式より

$T=W=mg$

$=1.0\ \mathrm{kg}\times9.8\ \mathrm{m/s^2}$

$=9.8$ N

9.8 N

(2) 物体の質量が 3.0 kg のとき

$T=W=mg$

$=3.0\ \mathrm{kg}\times9.8\ \mathrm{m/s^2}$

$=29.4\ \mathrm{N}\fallingdotseq29\ \mathrm{N}$

29 N



**例題 3 鉛直方向の運動(上向きに加速)**

図のように，質量 2.0 kg の物体にひもをつけた。物体に 2.2 m/s² の加速度が上向きに生じたとき，物体が受ける張力 $T$ の大きさは何 N か。ただし，重力加速度の大きさを 9.8 m/s² とする。

**解法** 重力の大きさを $W$ とすると，物体に上向きの加速度が生じたことから，物体が受ける合力は上向きとなる。図より，合力の大きさ $F$ は $(T-W)$〔N〕，重力 $W=mg$ を代入すると

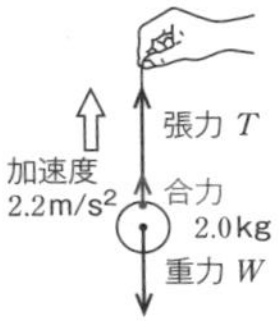


$F=T-mg$

となる。物体には，この合力 $F$ によって上向きの加速度 2.2 m/s² が生じているので，物体の運動方程式は

$ma=T-mg$

となる。$m=2.0$ kg，$a=2.2\ \mathrm{m/s^2}$，$g=9.8\ \mathrm{m/s^2}$ を代入して

$2.0\ \mathrm{kg}\times2.2\ \mathrm{m/s^2}=T-2.0\ \mathrm{kg}\times9.8\ \mathrm{m/s^2}$

$T=24$ N

答 24 N

**5** 例題 3 で，物体の質量が 1.0 kg のとき，物体が受ける張力の大きさ $T$〔N〕を求めよ。重力加速度の大きさを 9.8 m/s² として，(　)内には数値を，〔　〕内には単位を入れよ。

$m=$(ア 1.0 )〔イ kg 〕

$a=$(ウ 2.2 )〔エ m/s² 〕

$g=$(オ 9.8 )〔カ m/s² 〕を運動方程式

$ma=T-mg$ に代入する。

(キ 1.0 )kg×(ク 2.2 )m/s²

$=T-$(ケ 1.0 )kg×(コ 9.8 )m/s²

$T=12$ N

**6** 例題 3 で，物体の質量が 1.0 kg，加速度が上向きに 1.2 m/s² のとき，物体が受ける張力の大きさ $T$〔N〕を求めよ。ただし，重力加速度の大きさを 9.8 m/s² とする。

運動方程式 $ma=T-mg$ に代入する。

$1.0\ \mathrm{kg}\times1.2\ \mathrm{m/s^2}=T-1.0\ \mathrm{kg}\times9.8\ \mathrm{m/s^2}$

$T=11$ N

11 N

**例題 4 鉛直方向の運動(下向きに加速)**

図のように，質量 2.0 kg の物体にひもをつけた。物体に 1.8 m/s² の加速度が下向きに生じたとき，物体が受ける張力 $T$ の大きさは何 N か。ただし，重力加速度の大きさを 9.8 m/s² とする。

**解法** 重力の大きさを $W$ とすると，物体に下向きの加速度が生じたことから，物体が受ける合力は下向きとなる。図より，合力の大きさ $F$ は $(W-T)$〔N〕，重力 $W=mg$ を代入すると

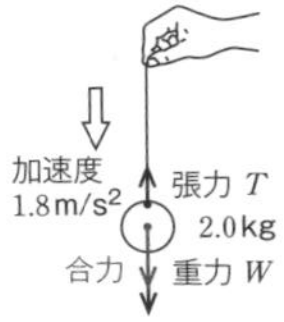


$F=mg-T$

となる。物体には，この合力 $F$ によって下向きの加速度 1.8 m/s² が生じているので，運動方程式は

$ma=mg-T$

となる。$m=2.0$ kg，$a=1.8\ \mathrm{m/s^2}$，$g=9.8\ \mathrm{m/s^2}$ を代入して

$2.0\ \mathrm{kg}\times1.8\ \mathrm{m/s^2}=2.0\ \mathrm{kg}\times9.8\ \mathrm{m/s^2}-T$

$T=16$ N

答 16 N

**7** 例題 4 で，物体の質量が 1.0 kg のとき，物体が受ける張力の大きさ $T$〔N〕を求めよ。重力加速度の大きさを 9.8 m/s² として，(　)内には数値を，〔　〕内には単位を入れよ。

$m=$(ア 1.0 )〔イ kg 〕

$a=$(ウ 1.8 )〔エ m/s² 〕

$g=$(オ 9.8 )〔カ m/s² 〕を運動方程式

$ma=mg-T$ に代入する。

(キ 1.0 )kg×(ク 1.8 )m/s²

$=$(ケ 1.0 )kg×(コ 9.8 )m/s² $-T$

$T=8.0$ N

**8** 例題 4 で，物体の質量が 1.0 kg，加速度が下向きに 2.8 m/s² のとき，物体が受ける張力の大きさ $T$〔N〕を求めよ。ただし，重力加速度の大きさを 9.8 m/s² とする。

運動方程式 $ma=mg-T$ に代入する。

$1.0\ \mathrm{kg}\times2.8\ \mathrm{m/s^2}=1.0\ \mathrm{kg}\times9.8\ \mathrm{m/s^2}-T$

$T=7.0$ N

7.0 N

# 15 運動方程式の立て方②

**例題 1　なめらかな水平面上の運動**

図のように，質量 1.0 kg の物体が 8.0 N と 5.0 N の力を受けている。次の問いに答えよ。

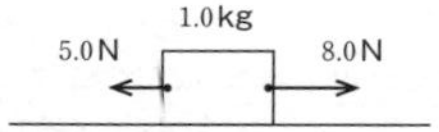


(1) 物体が受ける合力の大きさと向きを求めよ。

(2) 物体に生じる加速度の大きさは何 $m/s^2$ か。また，加速度の向きも答えよ。

**解法** (1) 物体が受ける合力 $F$〔N〕は

$8.0\ N-5.0\ N=3.0\ N$

答 3.0 N　右向き

(2) 運動方程式 $ma=F$ に，(1)の合力を代入する。

$m=1.0\ kg$，$F=3.0\ N$ より，加速度の大きさ $a$〔$m/s^2$〕は

$1.0\ kg\times a=3.0\ N$

$a=3.0\ m/s^2$

加速度の向きは合力の向きとなる。

答 $3.0\ m/s^2$　右向き

**1** 図のように，質量 2.0 kg の物体が 9.0 N と 4.0 N の力を受けている。(　　)内には数値を，〔　　〕内には単位を，□ には向きを入れよ。

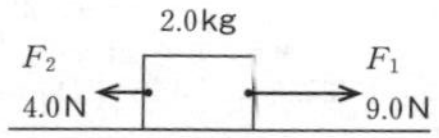


(1) 物体が受ける合力の大きさ $F$〔N〕と向きを求めよ。

$F_1=$(ア 9.0 )〔イ N 〕

$F_2=$(ウ 4.0 )〔エ N 〕より

$F=F_1-F_2=$(オ 9.0 )N－(カ 4.0 )N

$=5.0\ N$　 キ 右 向き

(2) 物体に生じる加速度の大きさは何 $m/s^2$ か。また，加速度の向きも答えよ。

$m=$(ク 2.0 )〔ケ kg 〕

$F=$(コ 5.0 )〔サ N 〕を

$ma=F$ に代入して

(シ 2.0 )kg×$a=$(ス 5.0 )N

$a=2.5\ m/s^2$　 セ 右 向き

**2** 図のように，質量 3.0 kg の物体が 3.0 N と 6.0 N の力を受けている。(　　)内には数値を，〔　　〕内には単位を，□ には向きを入れよ。

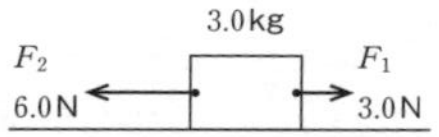


(1) 物体が受ける合力の大きさ $F$〔N〕と向きを求めよ。

$F_1=$(ア 3.0 )〔イ N 〕

$F_2=$(ウ 6.0 )〔エ N 〕より

$F=F_2-F_1$

$=$(オ 6.0 )N－(カ 3.0 )N

$=3.0\ N$　 キ 左 向き

(2) 物体に生じる加速度の大きさは何 $m/s^2$ か。また，加速度の向きも答えよ。

$m=$(ク 3.0 )〔ケ kg 〕

$F=$(コ 3.0 )〔サ N 〕を

$ma=F$ に代入して

(シ 3.0 )kg×$a=$(ス 3.0 )N

$a=1.0\ m/s^2$　 セ 左 向き

**3** 図のように，物体が 2 つの力を受けているとき，物体に生じる加速度の大きさは何 $m/s^2$ か。また，加速度の向きも答えよ。

(1)

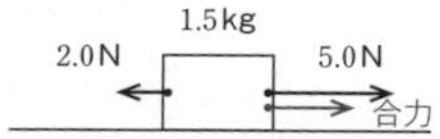


合力は，右向きに 5.0 N－2.0 N となる。

運動方程式 $ma=F$ に代入して

$1.5\ kg\times a=5.0\ N-2.0\ N$

$a=2.0\ m/s^2$

加速度の向きは，合力と同じ向きとなる。

$2.0\ m/s^2$　右向き

(2)

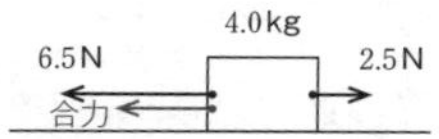


合力は，左向きに 6.5 N－2.5 N となる。

運動方程式 $ma=F$ に代入して

$4.0\ kg\times a=6.5\ N-2.5\ N$

$a=1.0\ m/s^2$

$1.0\ m/s^2$　左向き

**例題 2　粗い水平面上の運動①**

物体が粗い水平面上を運動している。動摩擦係数が 0.40 のとき，物体に生じる加速度の大きさは何 $m/s^2$ か。ただし，重力加速度の大きさを $9.8\ m/s^2$ とする。

**解法** 物体が受ける動摩擦力 $f'$〔N〕により，加速度が生じる。

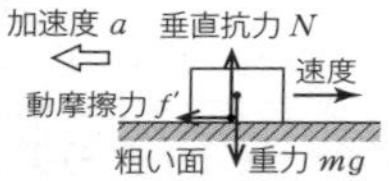


動摩擦係数を $\mu'$，物体が受ける垂直抗力を $N$〔N〕とすると，動摩擦力 $f'$ は

$f'=\mu'N$

となる。また，垂直抗力 $N$ は重力とつりあっているので，質量を $m$〔kg〕，重力加速度を $g$〔$m/s^2$〕とすると，重力は $mg$ となる。よって，動摩擦力 $f'$ は

$f'=\mu'mg$

となる。運動方程式を立てると

$ma=\mu'mg$

となり，加速度 $a$ は

$a=\mu'g$

となる。$\mu'=0.40$，$g=9.8\ m/s^2$ を代入して

$a=0.40\times9.8\ m/s^2=3.92\ m/s^2\fallingdotseq3.9\ m/s^2$

答 $3.9\ m/s^2$

**4** 例題 2 で，動摩擦係数が 0.20 のとき，物体の加速度の大きさは何 $m/s^2$ になるか。物体の質量を $m$〔kg〕，重力加速度の大きさを $9.8\ m/s^2$ とし，(　　)内には数値を，〔　　〕内には単位を入れよ。

$\mu'=$(ア 0.20 )

$g=$(イ 9.8 )〔ウ $m/s^2$ 〕を運動方程式

$ma=\mu'mg$ に代入して

$ma=$(エ 0.20 )×$m$×(オ 9.8 )$m/s^2$

$a=1.96\ m/s^2\fallingdotseq2.0\ m/s^2$

**5** 例題 2 で，動摩擦係数が 0.50 のとき，物体の加速度の大きさは何 $m/s^2$ になるか。ただし，重力加速度の大きさを $9.8\ m/s^2$ とする。

運動方程式 $ma=\mu'mg$ に代入して

$ma=0.50\times m\times9.8\ m/s^2$

$a=4.9\ m/s^2$

$4.9\ m/s^2$

**例題 3　粗い水平面上の運動②**

質量 5.0 kg の物体を粗い水平面上に置き，45.0 N の力で引いた。動摩擦係数を 0.50 とするとき，物体に生じる加速度の大きさは何 $m/s^2$ か。ただし，重力加速度の大きさを $9.8\ m/s^2$ とする。

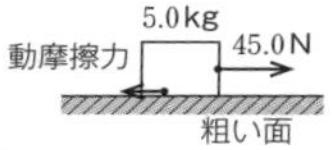


**解法** 動摩擦力 $f'$〔N〕と引く力 $F$〔N〕の合力により，物体には引く力の向きに加速度が生じる。

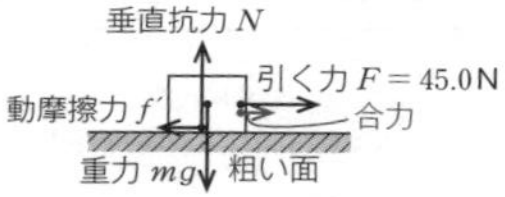


物体が受ける動摩擦力 $f'$ は，動摩擦係数を $\mu'$，垂直抗力を $N$〔N〕とすると

$f'=\mu'N$

物体の質量を $m$〔kg〕とすると，$N$ は重力 $mg$〔N〕とつりあうので

$f'=\mu'mg$

よって，物体が受ける合力は

$F-f'=F-\mu'mg$

この合力によって物体に加速度が生じるので，加速度を $a$〔$m/s^2$〕として運動方程式を立てると

$ma=F-\mu'mg$

となる。$m=5.0\ kg$，$F=45.0\ N$，$\mu'=0.50$，$g=9.8\ m/s^2$ を代入して

$5.0\ kg\times a=45.0\ N-0.50\times5.0\ kg\times9.8\ m/s^2$

$a=4.1\ m/s^2$

答 $4.1\ m/s^2$

**6** 例題 3 で，引く力が 10.8 N，動摩擦係数が 0.20 のとき，物体に生じる加速度の大きさは何 $m/s^2$ になるか。重力加速度の大きさを $9.8\ m/s^2$ とし，(　　)内には数値を，〔　　〕内には単位を入れよ。

$m=$(ア 5.0 )〔イ kg 〕

$F=$(ウ 10.8 )〔エ N 〕

$\mu'=$(オ 0.20 )

$g=$(カ 9.8 )〔キ $m/s^2$ 〕を運動方程式

$ma=F-\mu'mg$ に代入して

(ク 5.0 )kg×$a$

$=$(ケ 10.8 )N

－(コ 0.20 )×(サ 5.0 )kg×(シ 9.8 )$m/s^2$

$a=0.20\ m/s^2$

# 16 2つの物体の運動方程式①

**例題 1 接触する2つの物体の運動**

図のように，質量10 kgの物体Aと質量20 kgの物体Bが，なめらかな水平面上に接して置いてある。人が15 Nの力で物体Aを押すとき，次の問いに答えよ。

(1) 物体に生じる加速度を $a$〔m/s$^2$〕，物体AがBを押す力を $f$〔N〕として，物体Aについて，運動方程式を立てよ。

(2) 物体Bについて，運動方程式を立てよ。

(3) 物体に生じる加速度は何 m/s$^2$ か。

(4) 物体Aが物体Bを押す力は何Nか。

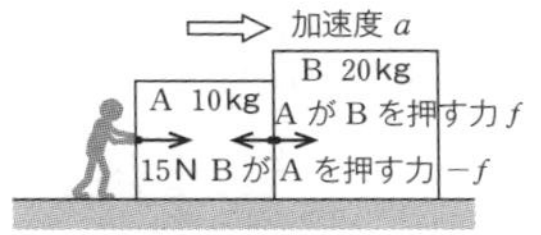


**解法** 人が物体Aを押すと，物体AとBには同じ加速度 $a$〔m/s$^2$〕が生じる。物体AとBが受ける力は図のようになり，右向きを正とするとき物体が受ける力は

A：人が押す力15 N，BがAを押す力 $-f$

B：AがBを押す力 $f$

となる。

(1) 物体Aは，15 N$-f$ の合力によって加速度が生じるので，$m=10$ kg を代入して運動方程式を立てる。

答 **10 kg×$a$=15 N−$f$**

(2) 物体Bは，物体AがBを押す力 $f$ によって加速度が生じる。$m=20$ kg を代入して運動方程式を立てる。

答 **20 kg×$a$=$f$**

(3) 物体A，Bの運動方程式で加速度 $a$ と力 $f$ は共通であるので，2つの式を連立して，$a$ を求める。

(2)の式を(1)の式に代入して

10 kg×$a$=15 N−20 kg×$a$

30 kg×$a$=15 N　よって　$a$=0.50 m/s$^2$

答 **0.50 m/s$^2$**

(4) (3)で求めた加速度 $a$=0.50 m/s$^2$ を(2)の運動方程式に代入する。

20 kg×0.50 m/s$^2$=$f$

$f$=10 N

答 **10 N**

**1** 例題1で，人が45 Nの力で押すとき，次の問いの(　　)内には数値を，〔　　〕内には単位を入れよ。

(1) 物体に生じる加速度を $a$〔m/s$^2$〕，物体AがBを押す力を $f$〔N〕として，物体Aについて，運動方程式を立てよ。

$m$=(ア 10)〔イ kg〕より

(ウ 10) kg×$a$=(エ 45) N−$f$

(2) 物体Bについて，運動方程式を立てよ。

$m$=(オ 20)〔カ kg〕より

(キ 20) kg×$a$=$f$

(3) 物体に生じる加速度は何 m/s$^2$ か。

(2)の式を(1)の式に代入して

10 kg×$a$=(ク 45) N−(ケ 20) kg×$a$

整理して

(コ 30) kg×$a$=(サ 45) N　よって

$a$=1.5 m/s$^2$

(4) 物体Aが物体Bを押す力は何Nか。

(3)で求めた加速度 $a$=1.5 m/s$^2$ を(2)の運動方程式に代入する。

(シ 20) kg×(ス 1.5) m/s$^2$=$f$

$f$=30 N

**2** 例題1で，人が30 Nの力で押すとき，物体AとBについて，それぞれ運動方程式を立てよ。

A：10 kg×$a$=30 N−$f$

B：20 kg×$a$=$f$

**3** **2**で，物体に生じる加速度 $a$ は何 m/s$^2$ か。また，AがBを押す力 $f$ は何Nか。

Aの運動方程式にBの運動方程式を代入。

10 kg×$a$=30 N−20 kg×$a$

30 kg×$a$=30 N

$a$=1.0 m/s$^2$

Bの運動方程式に $a$=1.0 m/s$^2$ を代入。

20 kg×1.0 m/s$^2$=$f$

$f$=20 N

加速度：1.0 m/s$^2$

AがBを押す力：20 N

**例題 2 糸でつながれた2つの物体の運動**

図のように，質量2.0 kgの力学台車Aと質量1.0 kgの力学台車Bを軽い糸で結び，台車Bを6.0 Nの力で引いた。次の問いに答えよ。

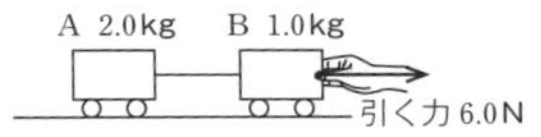


(1) 力学台車A，Bに生じる加速度を $a$〔m/s$^2$〕，糸の張力の大きさを $T$〔N〕として，力学台車Aについて，運動方程式を立てよ。

(2) 力学台車Bについて，運動方程式を立てよ。

(3) 加速度 $a$ は何 m/s$^2$ か。

(4) 糸の張力 $T$ の大きさは何Nか。

**解法** 力学台車Bを引くと，台車AとBが受ける力は下図のようになり，台車AとBには同じ加速度 $a$〔m/s$^2$〕が生じる。また，台車Aと台車Bを結ぶ糸の張力の大きさは等しい。

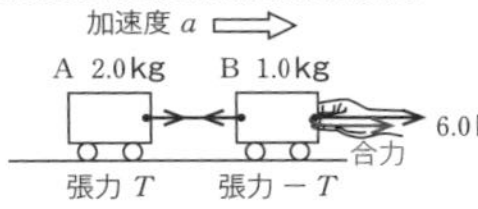


右向きを正とするとき，台車A，Bが受ける力は

A：糸の張力 $T$

B：引く力6.0 N，糸の張力 $-T$

となる。

(1) 台車Aは，張力 $T$ によって加速度が生じるので，$m$=2.0 kg を代入して運動方程式を立てる。

答 **2.0 kg×$a$=$T$**

(2) 台車Bは，Bを引く力6.0 Nと糸の張力 $-T$ の合力6.0 N$-T$ により加速度が生じる。

$m$=1.0 kg を代入して運動方程式を立てる。

答 **1.0 kg×$a$=6.0 N−$T$**

(3) 台車A，Bの運動方程式で加速度 $a$ と張力 $T$ は共通であるので，2つの式を連立して，$a$ を求める。

(1)の式を(2)の式に代入して

1.0 kg×$a$=6.0 N−2.0 kg×$a$

3.0 kg×$a$=6.0 N

よって　$a$=2.0 m/s$^2$

答 **2.0 m/s$^2$**

(4) (3)で求めた加速度 $a$=2.0 m/s$^2$ を(1)の運動方程式に代入して，張力 $T$ を求める。

2.0 kg×2.0 m/s$^2$=$T$

$T$=4.0 N

答 **4.0 N**

**4** 例題2で，人が15 Nの力で引くとき，次の問いの(　　)内には数値を，〔　　〕内には単位を入れよ。

(1) 台車に生じる加速度を $a$〔m/s$^2$〕，糸の張力の大きさを $T$〔N〕として，台車Aについて，運動方程式を立てよ。

$m$=(ア 2.0)〔イ kg〕より

(ウ 2.0) kg×$a$=$T$

(2) 台車Bについて，運動方程式を立てよ。

$m$=(エ 1.0)〔オ kg〕より

(カ 1.0) kg×$a$=(キ 15) N−$T$

(3) 台車に生じる加速度 $a$ は何 m/s$^2$ か。

(1)の式を(2)の式に代入して

1.0 kg×$a$=(ク 15) N−(ケ 2.0) kg×$a$

整理して

(コ 3.0) kg×$a$=(サ 15) N

よって

$a$=5.0 m/s$^2$

(4) 糸の張力 $T$ の大きさは何Nか。

(3)で求めた加速度 $a$=5.0 m/s$^2$ を(1)の運動方程式に代入する。

(シ 2.0) kg×(ス 5.0) m/s$^2$=$T$

$T$=10 N

**5** 例題2で，人が30 Nの力で引くとき，台車AとBについて，それぞれ運動方程式を立てよ。

A：2.0 kg×$a$=$T$

B：1.0 kg×$a$=30 N−$T$

**6** **5**で，台車に生じる加速度 $a$ は何 m/s$^2$ か。また，糸の張力 $T$ は何Nか。

Bの運動方程式にAの運動方程式を代入。

1.0 kg×$a$=30 N−2.0 kg×$a$

3.0 kg×$a$=30 N

$a$=10 m/s$^2$

Aの運動方程式に $a$=10 m/s$^2$ を代入。

2.0 kg×10 m/s$^2$=$T$

$T$=20 N

加速度：10 m/s$^2$

張力の大きさ：20 N

# 17 2つの物体の運動方程式②

**例題 1 糸でつながれた2つの物体の運動**

質量2.0 kgの台車Aと質量5.0 kgのおもりBを軽い糸で結び，図のように定滑車を通して静かにはなした。重力加速度の大きさを9.8 m/s$^2$として，次の問いに答えよ。

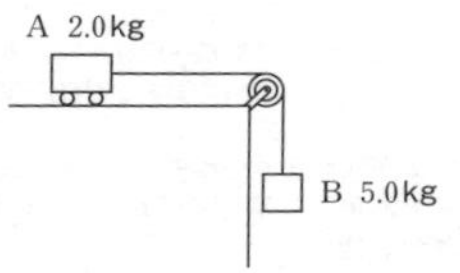


(1) 共通の加速度の大きさを$a$〔m/s$^2$〕，台車とおもりを結ぶ糸の張力の大きさを$T$〔N〕として，台車Aについて運動方程式を立てよ。
(2) おもりBについて運動方程式を立てよ。
(3) 生じる加速度$a$の大きさは何m/s$^2$か。
(4) 糸の張力$T$の大きさは何Nか。

**解法** 台車AとおもりBが受ける力は下図のようになり，糸の両端による張力の大きさは等しく，AとBが受ける張力は$T$となる。

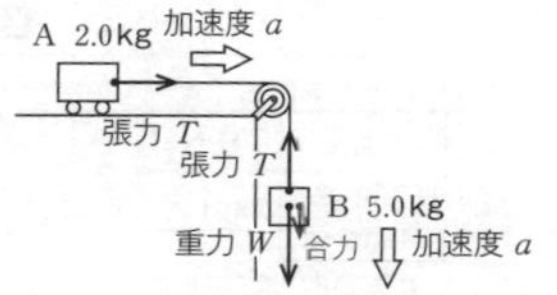


台車Aは，張力$T$(右向き)により，右向きに加速度$a$〔m/s$^2$〕が生じる。おもりBは，重力$W$〔N〕(下向き)と張力$T$(上向き)の合力$W-T$により，加速度$a$〔m/s$^2$〕が下向きに生じる。

(1) 台車Aは，張力$T$によって加速度が生じるので，$m$=2.0 kgを代入して運動方程式を立てる。

答 **2.0 kg×$a$=$T$**

(2) おもりBは，重力$W$と張力$T$の合力により加速度が生じる。重力$W$は，質量を$m$〔kg〕，重力加速度を$g$〔m/s$^2$〕とすると，

$W=mg$

であることから，合力は$mg-T$となる。質量$m$=5.0 kg，重力加速度$g$=9.8 m/s$^2$を代入して運動方程式を立てる。

5.0 kg×$a$=5.0 kg×9.8 m/s$^2$−$T$

答 **5.0 kg×$a$=49 N−$T$**

(3) A，Bの運動方程式で，加速度$a$と張力$T$は共通であるので，2つの式を連立して，$a$を求める。

(1)の式を(2)の式に代入して

5.0 kg×$a$=49 N−2.0 kg×$a$

7.0 kg×$a$=49 N

よって　$a$=7.0 m/s$^2$

答 **7.0 m/s$^2$**

(4) (3)で求めた加速度$a$=7.0 m/s$^2$を(1)の運動方程式に代入して，張力$T$を求める。

2.0 kg×7.0 m/s$^2$=$T$

$T$=14 N

答 **14 N**

**1** 例題1で，台車Aの質量が3.0 kg，おもりBの質量が1.0 kgのとき，次の問いの(　)内には数値を，〔　〕内には単位を入れよ。

(1) 共通の加速度の大きさを$a$〔m/s$^2$〕，台車AとおもりBを結ぶ糸の張力の大きさを$T$〔N〕として，台車Aについて，運動方程式を立てよ。

$m$=(ア 3.0)〔イ kg〕より

(ウ 3.0)kg×$a$=$T$

(2) おもりBについて，運動方程式を立てよ。

$m$=(エ 1.0)〔オ kg〕

$g$=(カ 9.8)〔キ m/s$^2$〕より

(ク 1.0)kg×$a$

=(ケ 1.0)kg×(コ 9.8)m/s$^2$−$T$

(サ 1.0)kg×$a$=(シ 9.8)N−$T$

(3) 生じる加速度$a$の大きさは何m/s$^2$か。

(1)の式を(2)の式に代入して

1.0 kg×$a$=(ス 9.8)N−(セ 3.0)kg×$a$

(ソ 4.0)kg×$a$=(タ 9.8)N　よって

$a$=2.45 m/s$^2$≒2.5 m/s$^2$

(4) 糸の張力$T$の大きさは何Nか。

(3)で求めた加速度$a$=2.45 m/s$^2$を(1)の運動方程式に代入する。

(チ 3.0)kg×(ツ 2.45)m/s$^2$=$T$

$T$=7.35 N≒7.4 N

**例題 2 滑車につるした物体の運動**

図のように，質量3.0 kgのおもりAと質量1.0 kgのおもりBを軽い糸で結んで定滑車に通し，静かに手をはなした。重力加速度の大きさを9.8 m/s$^2$として，次の問いに答えよ。

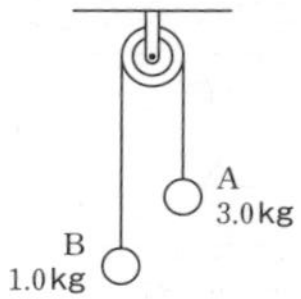


(1) おもりA，Bに生じる加速度の大きさを$a$〔m/s$^2$〕，糸の張力の大きさを$T$〔N〕として，おもりAについて，運動方程式を立てよ。
(2) おもりBについて，運動方程式を立てよ。
(3) 加速度$a$の大きさは何m/s$^2$か。
(4) 糸の張力$T$の大きさは何Nか。

**解法** おもりAとBは，それぞれ重力と張力を受け，それらの合力により加速度$a$〔m/s$^2$〕が生じる。

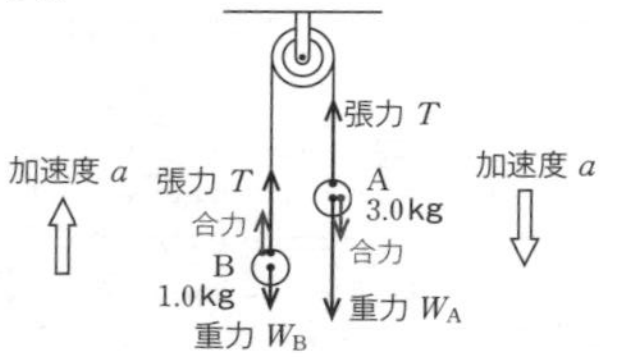


おもりAとBには同じ加速度$a$〔m/s$^2$〕が生じる。おもりAとBを結ぶ糸の張力の大きさは等しい。

(1) おもりAは，重力$W_A$(下向き)と張力$T$(上向き)の合力$W_A-T$によって加速度が下向きに生じる。重力$W$は，質量を$m$〔kg〕，重力加速度を$g$〔m/s$^2$〕とすると，

$W=mg$

であることから，Aの合力は$mg-T$となる。質量$m$=3.0 kg，重力加速度$g$=9.8 m/s$^2$を代入して運動方程式を立てる。

3.0 kg×$a$=3.0 kg×9.8 m/s$^2$−$T$

答 **3.0 kg×$a$=29.4 N−$T$**

(2) おもりBは，重力$W_B$(下向き)と張力$T$(上向き)の合力$T-W_B$によって加速度が上向きに生じる。重力の式$W=mg$より，合力は$T-mg$となるので，質量$m$=1.0 kg，重力加速度$g$=9.8 m/s$^2$を代入して運動方程式を立てる。

1.0 kg×$a$=$T$−1.0 kg×9.8 m/s$^2$

答 **1.0 kg×$a$=$T$−9.8 N**

(3) おもりA，Bの運動方程式において，加速度$a$の大きさと張力$T$の大きさは共通であるので，2つの式を連立して，$a$を求める。

(1)の式と(2)の式を連立して$T$を消去する。

3.0 kg×$a$=29.4 N−$T$

+) 1.0 kg×$a$=$T$−9.8 N

4.0 kg×$a$=19.6 N

$a$=4.9 m/s$^2$

答 **4.9 m/s$^2$**

(4) (3)で求めた加速度$a$=4.9 m/s$^2$を(2)の運動方程式に代入して，張力$T$を求める。

1.0 kg×4.9 m/s$^2$=$T$−9.8 N

$T$=4.9 N+9.8 N=14.7 N

答 **14.7 N**

**2** 例題2で，おもりAの質量が5.0 kg，おもりBの質量が2.0 kgのとき，次の問いの(　)内には数値を，〔　〕内には単位を入れよ。

(1) おもりA，Bに生じる加速度の大きさを$a$〔m/s$^2$〕，糸の張力の大きさを$T$〔N〕として，おもりAについて，運動方程式を立てよ。

$m$=(ア 5.0)〔イ kg〕

$g$=(ウ 9.8)〔エ m/s$^2$〕より

(オ 5.0)kg×$a$

=(カ 5.0)kg×(キ 9.8)m/s$^2$−$T$

(ク 5.0)kg×$a$=(ケ 49)N−$T$

(2) おもりBについて，運動方程式を立てよ。

$m$=(コ 2.0)〔サ kg〕

$g$=(シ 9.8)〔ス m/s$^2$〕より

(セ 2.0)kg×$a$

=$T$−(ソ 2.0)kg×(タ 9.8)m/s$^2$

(チ 2.0)kg×$a$=$T$−(ツ 19.6)N

(3) 加速度$a$の大きさは何m/s$^2$か。

(1)の式と(2)の式を連立して$T$を消去する。

(テ 5.0)kg×$a$=(ト 49)N−$T$

+) (ナ 2.0)kg×$a$=$T$−(ニ 19.6)N

(ヌ 7.0)kg×$a$=(ネ 29.4)N

$a$=4.2 m/s$^2$

(4) 糸の張力$T$の大きさは何Nか。

(3)で求めた加速度$a$=4.2 m/s$^2$を(1)の運動方程式に代入する。

(ノ 5.0)kg×(ハ 4.2)m/s$^2$=(ヒ 49)N−$T$

(フ 21)N=(ヘ 49)N−$T$

$T$=28 N

# 18 三角比・斜面上にある物体が受ける重力の分解

※以下の問題では，$\sqrt{2}=1.4$，$\sqrt{3}=1.7$ として計算せよ。

**例題 1 三角比**

次の三角形について，$\sin 60°$ と $\cos 60°$ を求めよ。

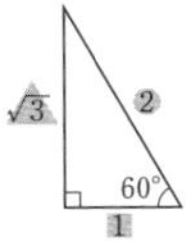


**解法** 対象の角を左下，直角を右下にする。

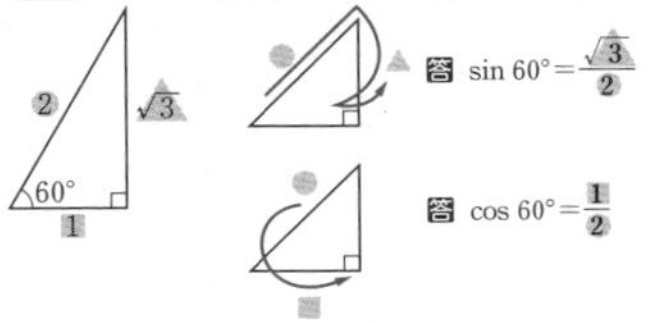


答 $\sin 60°=\dfrac{\sqrt{3}}{2}$

答 $\cos 60°=\dfrac{1}{2}$

**例題 2 三角比の利用**

次の三角形について，$x$ と $y$ の長さを求めよ。

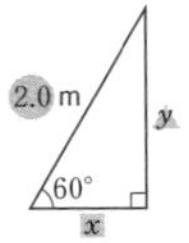


**解法** $\sin 60°=\dfrac{y}{2.0\ \text{m}}$ より

$y=2.0\ \text{m}\times\sin 60°$

$=2.0\ \text{m}\times\dfrac{\sqrt{3}}{2}=1.7\ \text{m}$

$\cos 60°=\dfrac{x}{2.0\ \text{m}}$ より

$x=2.0\ \text{m}\times\cos 60°$

$=2.0\ \text{m}\times\dfrac{1}{2}=1.0\ \text{m}$

答 $x=1.7\ \text{m}$，$y=1.0\ \text{m}$

**1** 次の三角形について，三角比を求めよ。

(1)

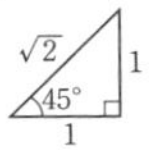


$\sin 45°=\dfrac{1}{(ア\ \sqrt{2}\ )}$

$\cos 45°=\dfrac{1}{(イ\ \sqrt{2}\ )}$

(2)

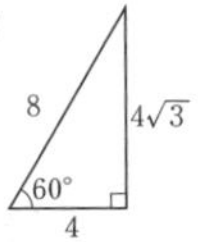


$\sin 60°=\dfrac{(ウ\ 4\sqrt{3}\ )}{8}$

$=\dfrac{\sqrt{3}}{2}$

$\cos 60°=\dfrac{(エ\ 4\ )}{8}=\dfrac{1}{2}$

(3)

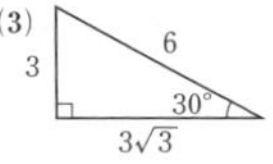


$\sin 30°=\dfrac{3}{6}=\dfrac{1}{2}$

$\cos 30°=\dfrac{3\sqrt{3}}{6}=\dfrac{\sqrt{3}}{2}$

(4)

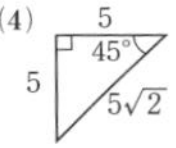


$\sin 45°=\dfrac{5}{5\sqrt{2}}=\dfrac{1}{\sqrt{2}}$

$\cos 45°=\dfrac{5}{5\sqrt{2}}=\dfrac{1}{\sqrt{2}}$

(5)

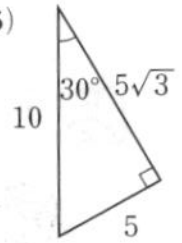


$\sin 30°=\dfrac{5}{10}=\dfrac{1}{2}$

$\cos 30°=\dfrac{5\sqrt{3}}{10}=\dfrac{\sqrt{3}}{2}$

**2** 次の三角形について，$x$ の長さを求めよ。

(1)

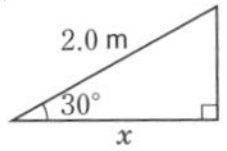


$x=2.0\ \text{m}\times(ア\ \cos 30°\ )$

$=2.0\ \text{m}\times\left(イ\ \dfrac{\sqrt{3}}{2}\right)=1.7\ \text{m}$

(2)

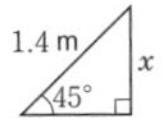


$x=1.4\ \text{m}\times(ウ\ \sin 45°\ )$

$=1.4\ \text{m}\times\dfrac{(エ\ \sqrt{2}\ )}{2}$

$=0.98\ \text{m}$

(3)

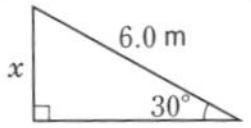


$x=6.0\ \text{m}\times\sin 30°$

$=6.0\ \text{m}\times\dfrac{1}{2}=3.0\ \text{m}$

(4)

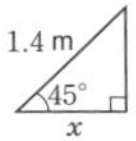


$x=1.4\ \text{m}\times\cos 45°$

$=1.4\ \text{m}\times\dfrac{1}{\sqrt{2}}$

$=1.4\ \text{m}\times\dfrac{\sqrt{2}}{2}=0.98\ \text{m}$

(5)

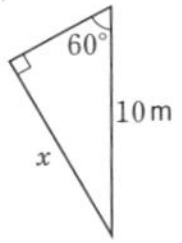


$x=10\ \text{m}\times\sin 60°$

$=10\ \text{m}\times\dfrac{\sqrt{3}}{2}=8.5\ \text{m}$

 辺の長さを表すとき，三角比を用いると便利である。

**例題 3 分力**

右図について，次の問いに答えよ。

(1) 力 $F$ の分力 $F_x$，$F_y$ を図示せよ。

(2) $F_x$ の大きさを求めよ。

(3) $F_y$ の大きさを求めよ。

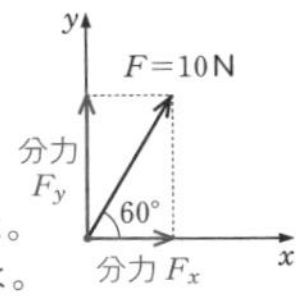


**解法** (1) 答 図の矢印

(2) $F=10\ \text{N}$，$\cos 60°=\dfrac{1}{2}$ より

$F_x=F\cos 60°=10\ \text{N}\times\dfrac{1}{2}=5.0\ \text{N}$ 答 5.0 N

(3) $F=10\ \text{N}$，$\sin 60°=\dfrac{\sqrt{3}}{2}$ より

$F_y=F\sin 60°=10\ \text{N}\times\dfrac{\sqrt{3}}{2}=8.5\ \text{N}$ 答 8.5 N

**3** 次の問いに答えよ。

ただし，(　　)内には数値を，〔　　〕内には単位を入れよ。

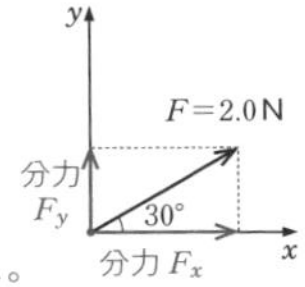


(1) 分力 $F_x$，$F_y$ を図示せよ。

(2) 分力 $F_x$ の大きさを求めよ。

$F=(ア\ 2.0\ )〔イ\ \text{N}〕$，$\cos 30°=\left(ウ\ \dfrac{\sqrt{3}}{2}\right)$ より

$F_x=F\cos 30°=(エ\ 2.0\ )\text{N}\times\left(オ\ \dfrac{\sqrt{3}}{2}\right)=1.7\ \text{N}$

(3) 分力 $F_y$ の大きさを求めよ。

$F=(カ\ 2.0\ )〔キ\ \text{N}〕$，$\sin 30°=\left(ク\ \dfrac{1}{2}\right)$ より

$F_y=F\sin 30°=(ケ\ 2.0\ )\text{N}\times\left(コ\ \dfrac{1}{2}\right)=1.0\ \text{N}$

**4** 次の問いに答えよ。

(1) 分力 $F_x$，$F_y$ を図示せよ。

(2) 分力 $F_x$ の大きさを求めよ。

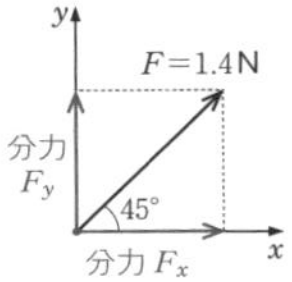


$F=1.4\ \text{N}$，

$\cos 45°=\dfrac{1}{\sqrt{2}}$ より

$F_x=F\cos 45°=1.4\ \text{N}\times\dfrac{\sqrt{2}}{2}=0.98\ \text{N}$

0.98 N

(3) 分力 $F_y$ の大きさを求めよ。

$F=1.4\ \text{N}$，$\sin 45°=\dfrac{1}{\sqrt{2}}$ より

$F_y=F\sin 45°=1.4\ \text{N}\times\dfrac{\sqrt{2}}{2}=0.98\ \text{N}$

0.98 N

**例題 4 重力の分力**

斜面上にある物体が受ける重力 $W$ について，次の問いに答えよ。

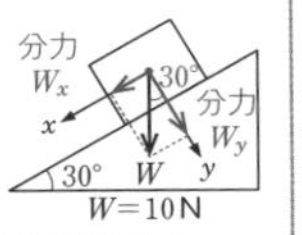


(1) 斜面方向の分力 $W_x$，斜面垂直方向の分力 $W_y$ を図示せよ。

(2) 分力 $W_x$ は何 N か。

(3) 分力 $W_y$ は何 N か。

**解法** (1) 斜面上にある物体が受ける重力は，図のように $x$ 軸と $y$ 軸をとり，重力が長方形の対角線になるように長方形をかき，$x$ 方向と $y$ 方向に分解する。 答 図の矢印

(2) 重力の大きさを $W$〔N〕とすると，図より，$W_x=W\sin\theta$ となるので

$W=10\ \text{N}$，$\sin 30°=\dfrac{1}{2}$ より

$W_x=10\ \text{N}\times\dfrac{1}{2}=5.0\ \text{N}$

答 5.0 N

(3) 図より，$W_y=W\cos\theta$ となるので

$W=10\ \text{N}$，$\cos 30°=\dfrac{\sqrt{3}}{2}$ より

$W_y=10\ \text{N}\times\dfrac{\sqrt{3}}{2}=8.5\ \text{N}$

答 8.5 N

**5** 斜面上にある物体が受ける重力 $W$ について，次の問いに答えよ。ただし，(　　)内には数値を，〔　　〕内には単位を入れよ。

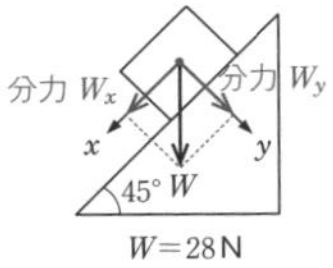


(1) 斜面方向の分力 $W_x$，斜面垂直方向の分力 $W_y$ を図示せよ。

(2) 分力 $W_x$ は何 N か。

$W=(ア\ 28\ )〔イ\ \text{N}〕$，$\sin 45°=\left(ウ\ \dfrac{1}{\sqrt{2}}\right)$ より

$W_x=W\sin 45°=(エ\ 28\ )\text{N}\times\dfrac{(オ\ \sqrt{2}\ )}{2}$

$=19.6\ \text{N}\fallingdotseq 20\ \text{N}$

(3) 分力 $W_y$ は何 N か。

$W=(カ\ 28\ )〔キ\ \text{N}〕$，$\cos 45°=\left(ク\ \dfrac{1}{\sqrt{2}}\right)$ より

$W_y=W\cos 45°=(ケ\ 28\ )\text{N}\times\dfrac{(コ\ \sqrt{2}\ )}{2}$

$=19.6\ \text{N}\fallingdotseq 20\ \text{N}$

斜面上にある物体が受ける重力の分解 ⇒ $x$ 軸を斜面方向，$y$ 軸を斜面に垂直な方向にして分解する。

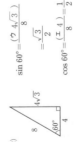

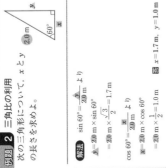

# 19 斜面上にある物体の運動

**例題 1 最大摩擦力**

図のような粗い斜面上に質量 2.0 kg の物体を置いたところ，物体は静止した。斜面と物体の間の静止摩擦係数を 0.70，重力加速度の大きさを 9.8 m/s$^2$，$\sqrt{3}=1.7$ として，次の問いに答えよ。

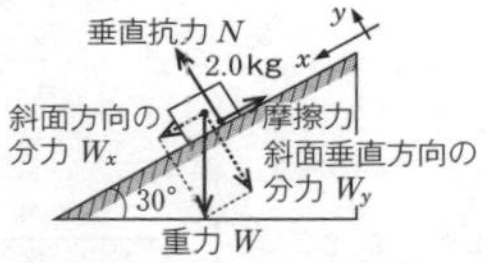


(1) 物体が受ける重力 $W$ は何 N か。
(2) 物体が受ける垂直抗力 $N$ は何 N か。
(3) 最大摩擦力 $f_0$ は何 N か。

**解法** 物体が受ける力は図のようになる。
(1) 重力 $W$ の大きさは，質量 $m=2.0$ kg，重力加速度 $g=9.8$ m/s$^2$ より
$W=mg=2.0\ \mathrm{kg}\times 9.8\ \mathrm{m/s^2}=19.6\ \mathrm{N}\fallingdotseq 20\ \mathrm{N}$
答 **20 N**
(2) 垂直抗力 $N$ と重力の斜面垂直方向の分力 $W_y$ はつりあっている。よって $N=W_y=W\cos\theta$ となる。
(1)の $W=19.6$ N と $\cos 30°=\frac{\sqrt{3}}{2}$ を代入して
$N=19.6\ \mathrm{N}\times\frac{\sqrt{3}}{2}=16.66\ \mathrm{N}\fallingdotseq 17\ \mathrm{N}$
答 **17 N**
(3) 最大摩擦力 $f_0$ は，垂直抗力の大きさを $N$，静止摩擦係数を $\mu$ とすると $f_0=\mu N$ となる。
$\mu=0.70$，(2)の結果 $N=16.66$ N を代入して
$f_0=0.70\times 16.66\ \mathrm{N}=11.662\ \mathrm{N}\fallingdotseq 12\ \mathrm{N}$
答 **12 N**
注 物体は，重力の斜面方向の分力 9.8 N と同じ大きさの静止摩擦力により静止している。最大摩擦力により静止しているのではない。

**1** 例題 1 で，物体の質量が 1.0 kg の場合について，（　）内には数値を，〔　〕内には単位を入れ，次の問いに答えよ。ただし，$\sqrt{3}=1.7$ とする。
(1) 物体が受ける重力 $W$ は何 N か。
$m=$(ア 1.0)〔イ kg〕
$g=$(ウ 9.8)〔エ m/s$^2$〕より，
重力 $W$ の大きさは
$W=mg=$(オ 1.0) kg × (カ 9.8) m/s$^2$
$=9.8$ N

(2) 物体が受ける垂直抗力 $N$ は何 N か。
(1)の結果より，重力 $W=$(キ 9.8)〔ク N〕，
$\cos 30°=\left(\text{ケ } \frac{\sqrt{3}}{2}\right)$ を用いると，垂直抗力 $N$ は
$N=W_y=W\cos\theta=$(コ 9.8) N × $\left(\text{サ } \frac{\sqrt{3}}{2}\right)$
$=8.33\ \mathrm{N}\fallingdotseq 8.3\ \mathrm{N}$
(3) 最大摩擦力 $f_0$ は何 N か。
静止摩擦係数 $\mu=$(シ 0.70)
(2)の結果より，
垂直抗力 $N=$(ス 8.33)〔セ N〕を代入すると，最大摩擦力 $f_0$ は
$f_0=\mu N=$(ソ 0.70) × (タ 8.33) N
$=5.831\ \mathrm{N}\fallingdotseq 5.8\ \mathrm{N}$

**例題 2 なめらかな斜面上の運動**

質量 1.0 kg の物体を，なめらかな斜面上に置いたところ，物体は斜面上をすべり出した。物体に生じる加速度は何 m/s$^2$ か。ただし，重力加速度の大きさを 9.8 m/s$^2$ とする。

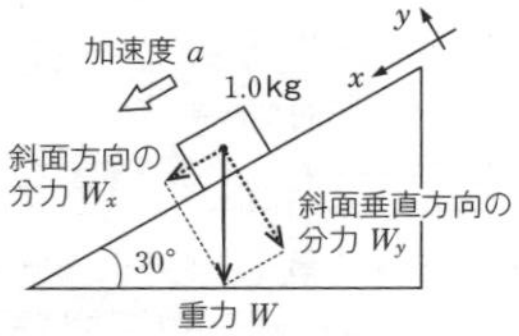


**解法** 斜面上にある物体の運動では，座標軸を図のようにとる。なめらかな斜面上にある物体は，重力と垂直抗力を受けている。
物体に加速度 $a$〔m/s$^2$〕を生じさせる力は，重力の斜面方向の分力 $W_x$〔N〕である。$W_x$ は，質量を $m$〔kg〕，重力加速度の大きさを $g$〔m/s$^2$〕とすると $W_x=mg\sin\theta$ となるので，これを運動方程式 $ma=F$ に代入すると
$ma=mg\sin\theta$
となる。よって，物体に生じる加速度は
$a=g\sin\theta$
となる。$g=9.8$ m/s$^2$，$\sin 30°=\frac{1}{2}$ より
$a=9.8\ \mathrm{m/s^2}\times\frac{1}{2}=4.9\ \mathrm{m/s^2}$　答 **4.9 m/s$^2$**

**2** 例題 2 で，斜面の角度が 45° の場合について，（　）内には数値を，〔　〕内には単位を入れよ。ただし，$\sqrt{2}=1.4$ とする。
$g=$(ア 9.8)〔イ m/s$^2$〕
$\sin 45°=\left(\text{ウ } \frac{1}{\sqrt{2}}\right)$ を
$a=g\sin\theta$ に代入して
$a=$(エ 9.8) m/s$^2$ × $\frac{(\text{オ } \sqrt{2})}{2}$
$=6.86\ \mathrm{m/s^2}\fallingdotseq 6.9\ \mathrm{m/s^2}$

**例題 3 粗い斜面上の運動**

質量 10 kg の物体を，粗い斜面上に置いたところ，物体は斜面上をすべり出した。物体と斜面の間の動摩擦係数が 0.10 のとき，次の問いに答えよ。ただし，重力加速度の大きさを 9.8 m/s$^2$，$\sqrt{3}=1.7$ とする。

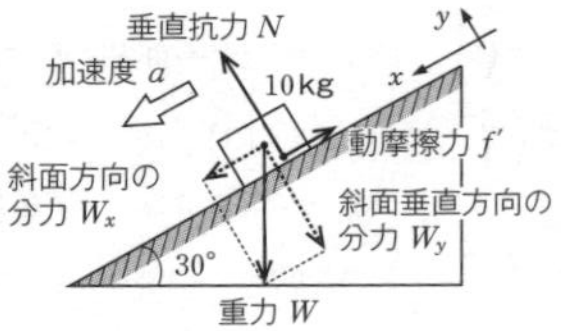


(1) 物体が受ける重力 $W$ は何 N か。
(2) 物体が受ける垂直抗力 $N$ は何 N か。
(3) 物体が受ける動摩擦力 $f'$ は何 N か。
(4) 物体に生じる加速度 $a$ は何 m/s$^2$ か。

**解法** (1) $W=mg$ に $m=10$ kg，$g=9.8$ m/s$^2$ を代入する。
$W=10\ \mathrm{kg}\times 9.8\ \mathrm{m/s^2}=98\ \mathrm{N}$　答 **98 N**
(2) 力のつりあいより，物体が受ける垂直抗力 $N$ は重力の斜面垂直方向の分力 $W_y$ と等しい。
$W_y=W\cos\theta$ であることから，垂直抗力 $N$ は $N=W\cos\theta$ となり，(1)の結果 $W=98$ N，
$\cos 30°=\frac{\sqrt{3}}{2}$ を代入して
$N=98\ \mathrm{N}\times\frac{\sqrt{3}}{2}=83.3\ \mathrm{N}\fallingdotseq 83\ \mathrm{N}$　答 **83 N**
(3) 動摩擦力の式 $f'=\mu' N$ に，$\mu'=0.10$，(2)の結果の垂直抗力 $N=83.3$ N を代入して
$f'=0.10\times 83.3\ \mathrm{N}=8.33\ \mathrm{N}\fallingdotseq 8.3\ \mathrm{N}$
答 **8.3 N**
(4) 物体に加速度 $a$ を生じさせる力は，重力の斜面方向の分力 $W_x$ と動摩擦力 $f'$ の合力である。重力の斜面方向の分力 $W_x$ は，$W_x=W\sin\theta$ と表されるので，物体が受ける斜面方向の合力は $W\sin\theta-f'$ となり，これを運動方程式 $ma=F$ に代入する。
$ma=W\sin\theta-f'$
これに $m=10$ kg，(1)の結果より $W=98$ N，
$\sin 30°=\frac{1}{2}$，(3)の結果より $f'=8.33$ N を代入して
$10\ \mathrm{kg}\times a=98\ \mathrm{N}\times\frac{1}{2}-8.33\ \mathrm{N}$
$a=4.067\ \mathrm{m/s^2}\fallingdotseq 4.1\ \mathrm{m/s^2}$
答 **4.1 m/s$^2$**

**3** 例題 3 で，斜面の角度が 45° の場合について，（　）内には数値を，〔　〕内には単位を入れよ。ただし，$\sqrt{2}=1.4$ とする。
(1) 物体が受ける重力 $W$ は何 N か。
$m=$(ア 10)〔イ kg〕
$g=$(ウ 9.8)〔エ m/s$^2$〕
より，重力 $W$ の大きさは
$W=mg=$(オ 10) kg × (カ 9.8) m/s$^2=98$ N
(2) 物体が受ける垂直抗力 $N$ は何 N か。
(1)の結果 $W=$(キ 98)〔ク N〕
$\cos 45°=\left(\text{ケ } \frac{1}{\sqrt{2}}\right)$ より，垂直抗力 $N$ は
$N=W\cos\theta=$(コ 98) N × $\frac{(\text{サ } \sqrt{2})}{2}$
$=68.6\ \mathrm{N}\fallingdotseq 69\ \mathrm{N}$
(3) 物体が受ける動摩擦力 $f'$ は何 N か。
動摩擦係数 $\mu'=$(シ 0.10)
(2)の結果の垂直抗力 $N=$(ス 68.6)〔セ N〕を用いて，動摩擦力 $f'$ は
$f'=\mu' N=$(ソ 0.10) × (タ 68.6) N
$=6.86\ \mathrm{N}\fallingdotseq 6.9\ \mathrm{N}$
(4) 物体に生じる加速度 $a$ は何 m/s$^2$ か。
この場合の運動方程式 $ma=F$ は
$ma=W\sin\theta-f'$
となる。
物体の質量 $m=$(チ 10)〔ツ kg〕
(1)の結果の重力 $W=$(テ 98)〔ト N〕
$\sin 45°=\left(\text{ナ } \frac{1}{\sqrt{2}}\right)$
(3)の結果の動摩擦力 $f'=$(ニ 6.86)〔ヌ N〕を代入して
(ネ 10) kg × $a$
$=$(ノ 98) N × $\frac{(\text{ハ } \sqrt{2})}{2}$ − (ヒ 6.86) N
$a=6.174\ \mathrm{m/s^2}\fallingdotseq 6.2\ \mathrm{m/s^2}$